企业应急管理与预案编制系列读本

U0393535

化工生产事故
应急管理与预案编制

企业应急管理与预案编制系列读本编委会　编

主　编　任彦斌

副主编　董　涛

中国劳动社会保障出版社

图书在版编目（CIP）数据

化工生产事故应急管理与预案编制/《企业应急管理与预案编制系列读本》编委会编. —北京：中国劳动社会保障出版社，2015

（企业应急管理与预案编制系列读本）

ISBN 978-7-5167-1790-5

Ⅰ.①化… Ⅱ.①企… Ⅲ.①化工生产-工伤事故-处理-方案制定 Ⅳ.①TQ086

中国版本图书馆 CIP 数据核字（2015）第 086337 号

中国劳动社会保障出版社出版发行

（北京市惠新东街 1 号　邮政编码：100029）

*

北京金明盛印刷有限公司印刷装订　新华书店经销

880 毫米×1230 毫米　32 开本　8.125 印张　200 千字

2015 年 5 月第 1 版　2015 年 5 月第 1 次印刷

定价：**25.00** 元

读者服务部电话：（010）64929211/64921644/84643933

发行部电话：（010）64961894

出版社网址：http://www.class.com.cn

丛书编委会名单

佟瑞鹏　杨　勇　任彦斌　王一波　杨晗玉

翁兰香　曹炳文　刘亚飞　秦荣中　刘　欣

徐孟环　秦　伟　王海欣　王　斌　李春旭

万海燕　王文军　郑毛景　杜志托　张　磊

李　阳　董　涛　王　岩

本书主编　任彦斌

副　主　编　董　涛

内 容 提 要

　　本书为"企业应急管理与预案编制系列读本"之一，根据新修订的安全生产法要求，紧扣化工企业生产安全事故应急预案编制方法这一中心，全面介绍事故应急管理和技术处置知识，旨在提高化工企业的应急能力，规范应急的操作程序和指导应急预案编制。

　　本书主要内容包括概述，化工企业应急工作体系，化工企业应急救援预案编制，应急预案教育、培训和演练，化工企业事故应急响应，化工企业应急预案示例。

　　本书可作为安全生产监督管理人员、行业安全生产监督管理人员、企业安全生产管理人员、企业应急管理和工作人员、其他与应急活动有关的专业技术人员读本，还可作为企业从业人员知识普及用书。

我国最新修订的《安全生产法》与《职业病防治法》均明确规定，各级政府与部门、各类行业与生产经营单位要制定生产安全事故应急救援预案，建立应急救援体系。《安全生产"十二五"规划》（国办发〔2011〕47号）中也再次明确要求：要"推进应急管理体制机制建设，健全省、市、重点县及中央企业安全生产应急管理体系，完善生产安全事故应急救援协调联动工作机制"。建立生产安全事故应急救援体系，提高应对重特大事故的能力，是加强安全生产工作、保障人民群众生命财产安全的现实需要。对提高政府预防和处置突发事件的能力，全面履行政府职能，构建社会主义和谐社会具有十分重要的意义。

随着我国经济飞速发展，能源和其他生产资料需求明显加快，各类生产型企业和一些新兴科技产业规模越来越大，一旦发生事故，很可能造成重大的人员伤亡和财产损失。我国的安全生产方针是"安全第一、预防为主、综合治理"，加强生产安全管理，提高安全生产技术，做好事故的预防工作，可以避免和减少生产安全事故的发生。但同时，应引起企业高度重视的问题是一旦发生事故，企业应如何应对，如何采取迅速、准确、有效的应急救援措施来减少事故发生后造成的人员伤亡和经济损失。目前，我国正处于经济转型期，安全生产形势日益严峻，企业迫切需要加快应急工作进程，加强应急救援体系的建设。该项工作已成为衡量和评价企业安全的重要指标之一。事故应急救援是一项系统性和综合性的工作，既涉及科学、技术、管理，又涉及政策、法规和标准。

　　为了提高生产经营企业应对突发事故的能力，我们特组织有关行业、企业主管部门及高校与科研院所的专家，编写出版了"企业应急管理与预案编制系列读本"。本系列读本紧扣行业企业生产安全事故应急管理和预案编制工作这一中心，将事故应急工作中的行政管理和技术处置知识有机结合，指导企业提高生产安全事故现场应急能力与技术水平，规范应急操作程序。系列读本突出实用性、可操作性、简明扼要的特点，以期成为一部企业应急管理和工作人员平时学习、战时必备的实用手册。各读本在编写中注重理论联系实际，将国家有关法律法规和政策、相关专业机构和人员的职责、应急工作的程序与各类生产安全事故的处置有机结合，充分体现"预防为主、快速反应、职责明确、程序规范、科学指导、相互协调"的原则。

　　本套丛书在编写过程中，听取了不少专家的宝贵意见和建议。在此对有关单位专家表示衷心的感谢！本套丛书难免存在疏漏之处，敬请批评指正，以便今后补充完善。

目 录
CONTENTS

第四章　应急教育、培训和演练

第五章　化工企业事故应急响应

第六章　化工企业应急预案示例

第一章

概述

第一节　化工企业事故的特点和危害

一、化工安全形势严峻

随着化学工业的发展，化工生产在工业和居民日常生活中都占有十分重要的位置。但是由于化学工业生产过程中使用大量易燃、易爆、有毒及强腐蚀性原料，在生产、储存、运输过程中所发生的爆炸、火灾、中毒、放射等事故也越来越多，造成的危害也越来越大。这些物质的储存相当集中。由于所用原料及生产工艺和产品的特殊性，化工企业极易发生事故及重大事故。随着化学工业迅速发展，我国发生化学事故的频率也不断升高，较为严重的化学事故数量逐年增加，特别是近几年不断地发生化学危险品泄漏、爆炸事故，造成了大量的人员伤亡和严重的经济损失及政治影响。

2005 年 11 月 13 日，位于吉林省吉林市的中石油吉林石化公司101 厂的一化工车间发生连续爆炸，发生爆炸的是该厂苯胺装置硝化单元，T－102 塔发生堵塞，循环不畅，因处理不当，发生爆炸。由于爆炸威力很大，致使该厂周围的建筑物都受到不同程度的影响。在此次事故中，据不完全统计，受伤的人数在百人以上，有 6 人失踪，2 人重伤，因为爆炸物有毒，所以居住在事发地点的约 4 万名居民也被撤离现场。不仅如此，有毒物质的泄漏还对松花江流域造成了严重的污染。

近年来，随着我国化工产业的快速发展，化工企业数量大大增加，多种经济成分大量涌现，进出口贸易额增长。然而，与之对应的是大多数企业规模较小，装备相对落后，产生了大量的事故隐患和不安定因素，特别是有些地方和企业为获取局部和短期的经济效益，忽视安全生产，导致化学事故频繁发生。

二、事故的特点

化工产品的应用已经渗透到人们生产生活的各个领域，而生产化工产品的原料、中间体甚至产品本身，绝大多数都是易燃、易爆或有毒的，生产过程大多在高温、高压、高速、有毒等严酷的条件下进行。化工生产事故的特征基本上是由生产的原料特性、生产的产品或中间体特性、加工工艺方法、生产规模等因素决定的。

1. 火灾爆炸中毒事故多且后果严重

很多化工原料的易燃性、反应性和毒性确定了火灾爆炸及中毒事故的频繁发生，反应釜、压力容器的爆炸及反应物的燃烧传播速度超过音速而爆轰，都会引起破坏力极强的冲击波〔冲击波超压达 0.2 atm（0.02 兆帕）时会使砖木结构建筑部分倒塌，墙壁崩裂。如果是室内爆炸，受反射超压作用一般要增大几倍压力，任何坚固的建筑都承受不了这样大的压力〕。据估算，50 吨的易燃液体泄漏，将形成直径 700 米的气团，爆轰状态下热辐射强度将达 14 W/cm^2，而人能承受的安全辐射强度仅为 0.5 W/cm^2，同时，爆轰会造成缺氧，使人窒息死亡。如果生产流程管线的压缩（或液化）气体有毒，其泄漏的危害性就更大。1984 年，印度博帕尔农药生产泄漏事故直接污染面积达数十平方公里，造成 2 000 多人死亡，其后果之惨痛世界罕见。

2. 正常生产过程中火灾事故多

据化工生产安全部门统计，正常生产活动时发生事故造成死亡的占因工死亡总数约 66.7%，而非正常生产活动时仅占 12%。化工生产中伴随有许多副反应。正常的生产应在平衡状态下进行，有些生产处于危险边缘（如在临界状态或爆炸极限附近进行生产），如乙烯制环氧乙烷，甲醇氧化制甲醛，生产条件稍有波动，就有可能发生严重事故。1998 年 4 月 8 日石家庄电镀一厂化工车间发生火灾，死 6 人，伤 14 人，直接损失 500 余万元。火灾系操作人员关闭二氧化硫进气阀，致使纳氏泵内形成爆混气受泵高温作用引起爆炸。

3. 设备材质及先天缺陷

化工生产的设备一般都是在严酷的条件下工作。生产原料的腐蚀作用、生产压力的波动、生产流程中机械振动引起的设备疲劳性损坏以及高温深冷等工作条件对设备材质性能的影响，都会诱发管道设备、压力容器的破损，从而引起泄漏和爆炸。另外，化工生产设备中不合理的设计、加工工艺的缺陷等，经过生产运行的疲劳性催化，就更容易使设备破裂、破损。1998 年 3 月 5 日西安煤气公司液化气储罐发生爆炸，死 11 人，重伤 30 人。事故系 11 号罐排污阀上部法兰密封失效造成泄漏引起。

4. 化工设备运行一定时期都会进入事故多发期

任何化工设备、装置在生产运行中受生产条件影响及本身材质、性能的限制都有一定的使用寿命，特别是化工生产中的许多关键性设备如高负荷的塔槽、压力容器、反应釜、经常开启的阀门等，运行一段时间后，常会发生事故。由于设备陈旧，20 世纪 70 年代初期，石油化工、合成化学工厂事故频繁发生，火灾、爆炸事故不断。经过多年的努力，采取了安全措施，才有效减少了事故发生次数。近年来，我国相当一部分化工企业生产经营不景气，维护管理不到位，不少企业的设备有带病作业的情况，企业重视生产经营，轻视安全管理。一旦设备进入故障的多发期，事故将很难控制。

三、事故的危害

1. 对人体健康的危害

化工企业生产安全事故的发生，往往会造成有毒化学品的泄漏或释放，而在诸多的危险化学品当中，有许多化学品具有一定的毒性。毒物可通过呼吸道、消化道和皮肤进入人体。在工业生产中，毒物主要是通过呼吸道和皮肤进入人体内。

有毒物质对人体健康的危害主要是引起中毒。职业中毒按其发病过程分为急性中毒、慢性中毒和亚急性中毒 3 种。毒物一次短时间内大量进入人体可引起急性中毒，少量毒物长期进入人体可引起慢性中毒，介于两者之间的称为亚急性中毒。由于接触的毒物不同，中毒后出现的症状也不相同。

除此之外，化学品灼伤也是化工生产中常见的职业性伤害，是化学物质对皮肤、黏膜刺激、腐蚀及化学反应热引起的急性损害，常见的致伤物有澳素、硫酸、盐酸等。某些化学物质在致伤的同时，可经过皮肤、黏膜被人体吸收而引起中毒。

2. 火灾及爆炸危险

近年来，我国化工系统发生的各类事故中，火灾和爆炸导致的人员死亡数量为各类事故之首，此外，事故导致的直接经济损失也十分巨大。例如，1992 年北京东方化工厂油罐区发生特大火灾爆炸，在较短的时间内，整个罐区一片火海，死亡 9 人，伤 37 人，直接经济损失达亿元以上，事故原因是化学品发生火灾，引起爆炸。

火灾与爆炸都会带来生产设施的重大破坏和人员伤亡，但两者的发展过程明显不同。火灾是在起火后，火场逐渐蔓延扩大，随着时间的延续，损失数量迅速增长。而爆炸则是猝不及防的，在很短的时间内爆炸过程已经结束。设备损坏，厂房倒塌，人员伤亡也将在瞬间发生。

爆炸通常伴随发热、发光、压力上升、真空和电离现象，具有很大的破坏作用，它与爆炸物的数量和性质、爆炸的条件以及爆炸位置等因素有关，爆炸发生后也很容易引起火灾。

3. 环境污染危害

在危险化学品的生产、使用过程中，由于操作失误或处理不当等因素，不仅会损害人类健康，而且还会对生态环境造成污染。有毒有害的化学品主要是通过以下途径进入生态环境：

（1）在化学品的生产和使用过程中，化学污染物以废水、废气和废渣的形式排放到环境中。

（2）在化学品的生产和使用过程中，由于操作失误或发生突发性事故，导致大量有毒有害物质外泄进入环境中。

进入环境中的有毒有害化学物质会对生态环境造成严重危害或潜在危害。化工企业生产及生产安全事故释放的有毒有害化学品对人类生态环境的危害，是我国环境保护工作中急待解决的重要问题。

第二节　化工企业事故的致因和发生机理

一、事故致因

1. 化工企业生产安全事故致因

化工企业生产安全事故产生的原因是复杂的，有历史的原因，也有大自然及人类社会活动产生的破坏性作用，可归结为：

（1）技术因素。主要是在化工生产过程中违背客观规律，包括以下几点：

1）工厂库房选址不当，与居民生活区混在一起，或由于历史原因，库址原来是人口稀疏地区，现已成为人口众多的居民密集区。

2）化工厂设备陈旧落后，生产工艺流程设计不合理，又未能及时更新生产设施，改进工艺流程，或缺乏维护检修。

3）生产管理混乱，缺少科学的规章制度或根本就没有执行规章制度。如深圳"8·5"大爆炸，除了行政部门没有按国家法规审定建库库址外，该仓库严重违禁——氧化剂和还原剂混存，是酿成此次灾害性化学事故的直接原因。据统计，技术因素发生的化学事故率达50%以上。

（2）火灾因素。人们不遵守有关安全规定或操作规程，违章操作，甚至不经岗位培训就到有毒有害化学物品的岗位上操作，或生产时蛮干，导致起火、爆炸，直接酿成或次生为化学事故。

（3）自然因素。有两种情况：一种是由于强烈地震、海啸、火山爆发、龙卷风、雷击及太阳黑子周期性的爆炸，引起地球环流变化，造成大型化工企业设施损坏，有毒化学物品外泄，导致燃烧、爆炸，酿成灾害性化学事故。此类灾害由不可抗拒的自然力引起，目前尚无法预报。另一种是由于台风、潮汐、洪水、山体滑坡、泥石流等自然因素引起，目前已能预报。

（4）战争因素。战争使战争区域（战场）的化工设施遭到破坏，大量化工原料、产品外泄，发生燃烧、爆炸，酿成灾害性化学事故。海湾战争是最明显的例子。

（5）人为因素。有两种情况：一种是在生产过程中，由于人们违反安全生产法律、法规和技术标准导致的生产安全事故；另一种是恐怖分子、极端分子、黑社会团体出于某些政治目的，对企业生产进行破坏。

2. 化工企业中燃烧爆炸和中毒窒息的主要致因

根据国内50多年典型重大危险化学品伤害事故案例资料分析，结果表明其危害性集中在燃烧爆炸和中毒窒息两个方面，其原因大致归纳为以下几类：

（1）燃烧爆炸

1）火药爆炸。火药本质不安全，无安全距离，破坏隔离防爆设施，储存量大，存放地点不妥，无避雷装置，静电放电，高温引爆等安全措施不落实，没有粘贴危险货物专用标签，安全素质差，缺乏安全知识，不了解物质的理化特性，采取错误的操作方式，摩擦碰撞，物料混装，比例超标，销毁危险品防护不周，未远离公共场所等。违章操作，冒险蛮干，用电池和小灯泡检查雷管线，超载、敲打、操作规程不当，未打开料阀等。非法生产，无安全规范和设施，存在大量事故隐患。

2) 易燃气体爆炸。设备、机械、装置的不完善造成气体泄漏，达到爆炸极限，车间布局不合理，易燃气体浓度高、存放量大、人货混装，遇高温、火源、遭雷击，管道腐蚀漏气、控制阀内漏、密封垫失效，除尘器灰尘积聚摩擦产生火花，无防爆设备、储罐违章改制、焊缝不均、无坡度、无安全阀、私自减少螺钉不能承受压力致断裂引爆，焦化道生炉未安装报警与自动调节，超温超压、未排污、气体含量大、通风不足等。作业者的不安全行为，油轮油库动明火，用汽油擦洗地面，操作失误致液化气外溢，煤气炉蒸气未泄压致超压，煤渣堆产气，氧化剂与还原剂接触反应，合成氨循环槽煤气与空气混合，苯低位槽泄漏，检修用铁榔头敲打除锈，拧动压紧螺钉扣漏气，电路短路，冷却器水阀未打开，气体浓缩积聚分解，氯乙烯压力高经软水槽裂缝与空气混合，止逆阀失控或盲目拉断等。工艺缺陷，碱性炉改为酸性炉，液氧与酒精作冷却剂致高燃喷射，乙烯乙炔气储槽防氧化击发能源，稀硫酸与铁反应产生大量氢气和热量，盲目应用科研成果投产致反应爆炸等。

3) 锅炉爆炸。设备在设计、制造、安装上不合格和不合理，有的报废再使用或土锅炉、安全附件不灵不全，安全阀锈死、压力表失准、钢板苛性脆化、裂纹（碱度过高、压力加高、气压变动频繁），低周波大应力疲劳破坏等。使用者不会操作或违章操作，转炉修补水分未干、气孔小、气体膨胀，铁水凝固管内大量气体不能释放，坑内潮湿遇水、配料不当、钢丝吊断裂、炉膛爆炸（出口挡板关闭、严重结渣、局部管壁温度过高，保护装置未投入），长时间严重缺水、爆管（结垢、汽水停滞、结冻、酸洗腐蚀）等。

4）反应压力容器爆炸。设计结构不合理，选材不对，钢材脆化等，违章操作，超压超温，腐蚀磨损等。工艺失误，黄磷酸洗发生放热反应，研究开发无小试、中试而直接应用等。

5）换热压力容器爆炸。主体材料不符合规定，质量低劣，盖螺栓数量减少，焊接有气孔、裂缝等。

6）气瓶爆炸。超装、错装、混装为主要原因，液氯钢瓶内留有氯化石蜡、芳香烃起化学反应，未进行残液处理，充装过量，氧气气瓶含有乙醇、氢气相混合，丁二烯储存期过长自聚等。

（2）中毒窒息

1）场所狭小，气体挥发不通畅，氰酸气熏，蒸粮库未排通，易造成集体中毒；罐内作业缺乏氧气，窒息中毒；清舱搬运工中毒，清理碳化塔、保冷箱时窒息，纸浆洞作业硫化氢中毒，高炉煤气管道堵塞、焊接断裂致煤气中毒，除油池清洗、清理排水沟、油田井喷等释放硫化氢引起中毒。

2）维修不办作业许可证，不佩戴防护用具或使用不当，检修未加盲板，管道未排尽物料，无防护措施，水封池阀操作失误，水封失效，火坑倒烟等。

3）安全素质低，无自我保护意识，工业酒精兑水服用中毒，毒鼠强、氟乙酰胺误服中毒，污水管道内含甲烷、硫化氢窒息中毒，氨进液阀连接管踩断，无知打开二氧化碳瓶阀，致使大量气体在船舱内释放等。

4）运输过程中发生事故，缺乏产品知识，五氧化二磷翻车，沟内遇水产生磷化氢，三氧化磷翻车外溢，硫酸二甲酯、氰化钠翻车外溢，污染水域，一甲胺罐车阀门碰断溢漏等。

5）发生事故时大量有毒气体外溢，爆炸时释放大量有毒气体，设备管道泄漏造成有害物急速喷出、飞溅或喷淋，缺少急救知识或应急处置预案不完善，加剧伤害程度等。

上述国内接触危险化学品伤害事故种种原因与日本等国有相似之处，共同点：作业者的不安全行为占高比率，表现在对物质 MS-DS 的悉知和掌握欠缺，没有严格的安全作业程序，违章操作屡见不鲜；设备装置本质不安全，存在众多隐患和险情，在突发事故抢修时往往造成危害；密封作业场所缺氧，有害气体中毒的事故频繁发生；无防护用品，或未能使用/使用不当/存在缺陷，应急准备不充分，导致伤害程度加重。

二、化工企业生产安全事故发生机理

化工企业生产安全事故发生机理可分为两大类。

1. 生产误操作或失控

（1）生产装置中的化学物质→反应失控→爆炸→人员伤亡、财产损失、环境破坏等。

（2）爆炸物质→受到撞击、摩擦或遇到火源等→爆炸→人员伤亡、财产损失、环境破坏等。

（3）易燃易爆化学物质→遇到火源→火灾、爆炸或放出有毒气体或烟雾→人员伤亡、财产损失、环境破坏等。

（4）有毒有害化学物质→与人体接触→腐蚀或中毒→人员伤亡、财产损失等。

（5）压缩气体或液化气体→物理爆炸→人员伤亡、财产损失、环境破坏等。

化工企业生产安全事故最常见的模式是危险化学物质发生泄漏而导致的火灾、爆炸、中毒事故，这类事故的后果往往也非常严重。

2. 危险化学物质泄漏

（1）易燃易爆化学物质→泄漏→遇到火源→火灾或爆炸→人员伤亡、财产损失、环境破坏。

（2）有毒化学物质→泄漏→急性中毒或慢性中毒→人员伤亡、

财产损失、环境破坏。

（3）腐蚀物质→泄漏→腐蚀→人员伤亡、财产损失、环境破坏。

（4）压缩气体或液化气体→物理爆炸→易燃易爆、有毒化学物质泄漏。

（5）危险化学物质→泄漏→没有发生变化→财产损失、环境破坏。

第三节　化学事故应急救援概述

化学事故应急救援是近年来迅速开展的一项社会性减灾救灾工作。重特大化学事故对社会具有极大的危害性，而应急救援工作又涉及众多的部门和多种救援队伍的协调配合，因此，化学事故应急救援也就不同于一般事故的处理，成为一项社会性系统工程，受到政府和有关部门的重视。

一、化学事故应急救援的基本概念

1. 定义

应急救援行动是指由于自然或人为的原因，在紧急情况发生时（即发生火灾、爆炸和有毒物质泄漏等）为及时营救人员、疏散人员撤离现场、减缓事故后果和控制灾情而采取的一系列营救援助行动。

化学事故应急救援是指由于化工企业生产及化学危险物品在生产、使用等过程中造成或可能造成众多人员伤亡、财产损失和环境污染等危害时，为及时控制危险源、抢救受害人员、指导群众防护和组织撤离、消除危害后果而组织的救援活动。化学事故应急救援包括事故单位自救和社会救援。单位自救一般是指化学事故规模较小，依靠事故单位本身的救援力量即可完成，无须动用社会力量的应急救援行动。社会救援一般是指化学事故发生的规模所需救援力量已超过事故单位自身救援力量，或事故危害超出事故单位区域，其危害程度较大，需要动用社会应急救援力量的应急救援行动。

2. 基本任务

化学事故应急救援的基本任务主要有以下 4 项：

（1）控制危险源。化学事故救援的首要任务是尽快控制危险源的源区扩大和源强加剧，要及时有效地采取闭阀、堵漏及其他抢险措施，防止有毒有害物质的迅速外泄，缩小污染范围，减轻污染程度，把事故危害降到最低限度。特别对发生在城市和人口稠密地区的化学事故，应尽快组织工程抢险队和事故单位技术人员一起及时堵源，控制事故扩展。

（2）抢救受害人员。抢救受害人员是应急救援中的重要任务，在应急救援行动中，及时、有序、有效地实施现场急救与安全转运伤员是降低死亡率、减少事故损失的关键。有毒有害物质对人体伤害作用快、毒害大，现场的早期急救是挽救中毒人员生命或减轻毒伤程度的最有效措施。

（3）指导群众防护和组织撤离。化学事故发生后，应根据有毒有害物质扩散方向和扩散范围，及时指导和组织群众采取各种措施进行防护。对事故危害持续时间长或可能受到较大危害的区域，应及时组织群众撤离。

（4）消除事故危害后果。对受染的空气、水源、食品、用品的处理；危险源地面及建筑物的消毒；进行人员的洗消及其他方面事项的消除处理，防止对人的继续危害和对环境的污染。

化学事故应急救援除上述基本任务外，还涉及侦查、监测、扩散估计、环境评价及与救援直接有关的交通管制、治安保卫、消防灭火、消除堵塞等工作。

二、我国化学事故应急救援的发展及现状

随着化学工业的快速发展，频繁而严重的化学事故引起了国际社会的高度重视。1986 年 3 月联合国召开了专门会议对化学事故应急救援问题进行了研究，1988 年 12 月又在法国巴黎召开会议并通过了相应文件，以推动世界各国对化学事故的应急救援工作。中国是联合国确定为开展化学事故应急救援的试点国之一，我国政府对化学事故应急救援工作一直十分重视。

军队是我国最早参与化学事故应急救援的专业队伍之一。自 1986 年起军队就开始参与化学事故应急救援工作，其化学救援组织指挥体制基本上是以核事故应急管理体制为主干，坚持"以地方为主，军队主动配合"的原则，化学事故应急救援准备由防化部队牵头，应急响应由作战部门指挥，其他部门按职责担负相应的救援任务。

1987 年国家人防委在天津组织开展化学救援试点，后来各军区均按国家人防委要求相继开展了试点，其中上海、株洲、嘉兴市人防部门积极开拓，取得了一整套成功经验，承担了政府赋予的本地区化学事故应急救援任务，为我国化学事故应急救援的地方化管理做了积极有益的探索。

自 20 世纪 90 年代起，我国的消防部队逐步承担起化学灾害事故应急处置工作，公安部于 1996 年 11 月下发了《关于做好预防和处置毒气事件、化学品爆炸等特种灾害事故工作的通知》，要求加快各地消防特勤队伍的建设；1997 年 3 月，公安部、国家计委、财政部发出《关于加强重点城市消防特勤队伍装备建设，提高处置特种灾害事件能力的通知》，下拨专项经费，要求北京、天津等大中城市率先成立特勤部队；1998 年颁布实施的《消防法》明确规定抢险救援成为消防部队的一项重要任务，从此消防队伍尤其是特勤部队开始成为我国化学事故应急救援的专业主战部队。

1996 年，原化工部和国家经贸委根据我国化学工业的迅速发展，为防范意外化学事故，及时抢救受害人员，减少人员伤亡，联合印发了《关于组建"化学事故应急救援抢救系统"的通知》（化督发〔1996〕242 号）。一是成立了化学事故应急救援指挥中心；二是建立了青岛、上海、大连等 8 家化工部化学事故应急救援抢救中心；三是明确指挥中心和抢救中心的主要职责。几年来化学事故应急救援抢救中心对化学事故中伤害人员的抢救、企业急救人员的培训和指导企业建立预防化学事故预案方面做了大量的工作，取得了一定的成效。

1998 年政府机构改革，安全生产监督管理职能做了重大调整后，国家经贸委为保持化学救援工作的连续性，充分发挥原化学事故应急救援抢救中心的作用，印发了《关于调整"化学事故应急救援抢救系统"的通知》（国经贸安全〔1999〕606 号）和《关于化学事故应急救援抢救系统有关工作的通知》（安全〔1999〕71 号），主要是加强了对化学事故应急救援系统指挥中心和 8 个化学事故应急救援抢救中心的领导，进一步明确了化学事故应急救援抢救系统的机构设置和职能，具体明确了当前的 6 项工作任务：一是制订《化学事故应急救援抢救工作规则》和《专家咨询管理办法》；二是开展调查研究，要求各中心了解所在区域内石化企业重大危险源及主要化学危险物品的品种、数量等状况；三是组织编制 2000 年的现场抢救培训计划，开展培训工作；四是建立专家咨询体系，确定专家组成人员；五是完善抢救中心布局，在华南、华北、西南、西北地区推荐一批有条件的企业职防院所，经指挥中心办公室考核后，合理规划布局；六是发挥报纸杂志的作用，扩大宣传报道工作。

1998 年 1 月 1 日国家化学品登记注册中心按照国际惯例开通了化学事故应急咨询电话，面向社会提供 24 小时 I 级电话咨询服务，2002 年该电话被国家安全生产监督管理局指定为国家化学事故应急咨询专线电话，目前已签约单位有杜邦、拜耳、壳牌、中国石化等国内外大型化工公司。

目前，我国的化学事故应急救援工作虽然有了一定的基础，但是没有形成明确、统一、系统的应急体系，远远不能适应我国国民经济发展和安全生产工作的需要。存在的主要问题：一是地方政府、国务院有关部门和有关单位在化学事故应急救援工作上的职责不明确，特别是缺乏在法律、法规上的明确规定；二是缺少国家层面上的组织协调机构，对造成重大社会危害的化学事故难以实行统一指挥和实施有效救援；三是应急准备工作，特别是应急预案的制定和应急救援的装备、物资、经费不落实。

近年来颁布的《危险化学品安全管理条例》《安全生产法》等一系列法律法规对化学事故应急救援进行了法律上的规定，各地方政府也纷纷制定了本地区的化学事故应急预案，人民群众安全意识普遍提高，给化学事故应急救援工作的开展提供了更加有利的条件。目前，国家安全生产监督管理局已明确提出"尽快建立、健全化学事故应急救援体系"，按照体系完整、机制完善、功能齐全、反应灵敏、决策果断、行动迅速、运转协调、救助有力的要求，积极整合现有应急救援力量，改善装备条件，推进技术进步，构建"大化救"格局。

第二章
化工企业应急工作体系

第一节 应急指挥体系

一、现有应急力量的整合原则

1. 以消防部门为主体，公安、卫生等部门为辅的化学应急救援体系格局。

在各种化学事故应急救援力量中，只有公安消防部队具有资源装备优势，同时，这支队伍点多面广，机动性强，拥有119报警电话，每天24小时都处于执勤战备状态，随时可以迅速出击，按照"一队多用，专兼结合"的原则，由安全生产监督管理部门牵头，以消防部门为依托，整合社会资源，组建一支快速反应、机动性强、突击力强、装备优良的化学事故应急救援队伍。

2. 政府组织牵头、协调，各部门积极参与，建立化学事故应急联动机制。

各地方政府应积极参与化学事故应急救援过程，因地制宜，采取灵活有效机制，结合当地应急救援力量的实际情况，建立以消防部队为主，医疗、公安、防化、企业化救力量配合，安监、环保、交通、民防、民政等部门协同，实现人员、装备、技术优势互补的应急联动机制。

另外，各级政府机构应建立化学事故应急救援联席会议制度，负责组织协调化学事故应急救援各项工作的顺利开展。

3. 安全生产监督管理部门牵头编制化学事故应急救援预案，并定期举行集结、演练，使人员、装备、物资有机结合。

国家安全生产监督管理部门负责组织和协调化工企业，参与化学事故应急救援的各部门编制切实可行的化学事故应急救援预案，各企业和部门应从人、财、物等各方面予以落实和保障，并定期举行各部门联合演练，保证各部门预案的协调一致，达到应急救援队伍、装备、应急物资的有效结合。

4. 建设化学事故应急救援联动平台，搭建化学事故应急救援系统信息与技术网络。

利用现代通信、网络、安全管理等新技术，开发化学事故应急救援联动平台，实现消防"119"、公安"110"、交通"122"、急救"120"、化救中心、安监、化学事故应急咨询电话、企业消防力量、供水、供电、供气、供暖、市政、疾病防控以及人防等单位的联动。根据化学事故的类型、规模和各单位的职能，确定参加该系统各单位的责任、义务及联合行动时的关系。

二、政府应急指挥体系

在化工企业生产安全事故中，政府应急指挥体系需要具备健全的应急机制、应对化工企业生产突发事故的能力，以维护社会稳定，保障公众生命健康和财产安全，促进社会全面、协调、可持续发展。

政府应急指挥体系的工作原则：统一领导、分类管理、属地为主、分级响应、以人为本。

政府应急指挥体系包括领导机构、协调机构、有关类别专业指挥机构和专家组。

1. 领导机构

国务院是化工企业生产安全事故的最高行政领导机构，负责领导超出事件发生地省（自治区、直辖市）人民政府化工企业生产安全事故处置能力的应急指挥工作、跨省（自治区、直辖市）化工企业生产安全事故应急指挥工作、需要国务院或者全国环境保护部际联席会议协调、指导的化工企业生产安全事故的应急指挥工作。

各级地方政府负责领导在本辖区内的化工企业生产安全事故应急指挥，对于超出事件属地本级指挥能力的，应及时向上一级政府提出请求。

2. 有关类别专业指挥机构和支持机构

在化工企业生产安全事故应急指挥中，国务院有关部门依据有关法律、行政法规和各自的职责，贯彻落实国务院有关决定事项，为应急指挥领导机构提供各种援助和技术支持。

与化工企业生产安全事故应急相关的国务院有关部门包括：环境保护部、外交部、国家发改委、教育部、科技部、公安部、国家安全部、民政部、司法部、财政部、人力资源和社会保障部、国土资源部、住房和城乡建设部、交通运输部、工业和信息化部、水利部、农业部、商务部、文化部、国家卫生和计划生育委员会、人民银行、国资委、海关总署、工商行政管理总局、质检总局、新闻出版广电总局、体育总局、林业局、食品药品监督管理局、安监总局、旅游局、宗教事务局、侨办、港澳办、台办、新华通讯社、地震局、气象局、银监会、证监会、保监会、国家信访局、国家粮食局、国家海洋局、国家邮政局、国家外汇管理局等。

地方政府各相关专业部门根据化工企业生产安全事故应急指挥工作的需求，为当地和国务院的应急指挥提供各种援助和技术支持。

应急组织机构框图如图2—1所示。

3. 专家组

国务院和各应急管理机构建立各类专业人才库，可以根据实际需要聘请有关专家组成专家组，为应急管理提供决策建议，必要时参加突发化工生产安全事故应急处置工作。

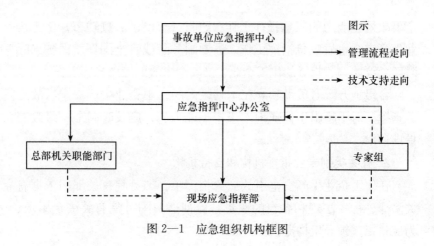

图 2—1 应急组织机构框图

三、事故单位应急指挥体系

1. 领导机构

事故单位应急指挥领导机构的职责如下：

（1）事故单位应急指挥中心

事故单位应急指挥中心领导应是本单位内的主要领导，通常为公司董事长、总经理，其职责是：

1）启动应急响应。

2）评估紧急状态，升降警报级别。

3）决定通报外部机构。

4）决定请求外部援助。

5）决定从本单位或其他部分撤离。

6）决定本单位外影响区域的安全性。

7）负责指挥组织本单位的应急救援。

（2）应急指挥中心办公室

应急指挥中心办公室可由办公厅和安全环保局组成。

（3）现场应急指挥部

现场应急指挥部是应急指挥中心的派出机构。现场指挥由应急指挥中心指派。当现场指挥丧失指挥职能时，应急指挥中心应立即指派或由现场最高领导接替。

（4）专家组

事故单位应急指挥领导机构的专家成员一般为单位生产、安全、环保、物资等重要部门的负责人，在事故应急过程中，他们参与应急救援的决策与协调工作，主要负责本部门在应急救援工作的职责和任务。

根据应急工作的实际需要，应急指挥中心可聘请有关专家，建立重特大事件应急处置的专家库。在应急状态下，可挑选就近的应急救援专家组成专家组。

2. 工作机构

事故单位应急工作机构是应急办公室，直接隶属于领导机构，负责化工生产安全事故信息接报、通知、信息传达、培训等事务性工作。

3. 支持机构

支持机构包括本单位内的技术支持机构（各类专业化工生产安全技术人才，包括消防、环保、公安、工艺、研发等）、救援机构，可以根据实际需要聘请有关专家组成专家组，为应急管理提供决策建议，必要时参加突发环境事件的应急处置工作。

第二节　事故单位应急机构体系

化工企业事故单位应急机构体系按照事故应急的职能划分，由事故单位各常设或非常设的部门组成，主要包括本单位内的各有关部门，通常为消防灭火部、生产指挥部、安全技术部、现场救护部、现场抢修部、通信联络部、物资供应部、生活后勤部、环境应急部和现场保卫部十个部门。各单位可根据具体情况进行调整，但调整后的应急机构职责应不少于下述内容，以满足应急工作需求。

1. 消防灭火部

（1）对本单位关键装置要害部位、重点防火场所制定灭火抢救预案，为化工企业生产安全事故应急处理提供依据。

（2）对接警出动情况、受灾场所、燃烧物质、火势进行记录，并及时向本单位的总指挥报告。

（3）当在本单位内发生火灾时，积极参与本单位总指挥部指挥工作。

（4）负责现场指挥灭火工作或配合上级消防队进行灭火。

（5）火情侦查，查清水源位置、燃烧物质性质、范围及火灾类型，了解火势情况，查清是否有人被围困，并及时抢救。

（6）根据灭火需要，通知供水部门向消防管网加压，确保供水。

（7）根据应急指挥部的命令和火势情况，负责与上级消防部门联系，调动灭火力量。

（8）灭火工作结束后及时补充器材，恢复战备状态，总结火场救灾经验教训。

（9）参加火灾、爆炸事故的调查处理工作。

2. 生产指挥部

（1）负责指挥生产厂区或单元各车间做好工艺处理工作，防止事故进一步扩大、蔓延。

（2）做好水、电、风、蒸汽等动力平衡和供应工作，保证消防用水和生产装置的动力正常供给。

（3）调查了解装置发生事故及灾害的原因，提出抢险救灾的有效方案。

（4）负责组织恢复生产。

3. 安全技术部

(1) 及时了解事故及灾害发生原因及经过，检查装置生产工艺处理情况。

(2) 检查消防设施和消防水等启用情况。

(3) 检查消防和医疗救护人员是否到位以及防止事故蔓延扩大的措施落实情况。

(4) 当发生重大火灾、爆炸时，组织清点在岗人员。

(5) 配合消防、救护人员进行事故处理、救援。

(6) 协同有关部门保护好现场，收集与化工企业生产安全事故有关的证据，参加突发化工企业生产安全事故调查处理。

4. 现场救护部

(1) 负责携带防护面具，赶往事故现场，选好停车救护地点。

(2) 及时将受伤人员救护情况向指挥部报告。负责将中毒、窒息或受伤人员救离事故现场，必要时送到医院进行抢救。在医院救护车未到达之前，对伤者实施人工呼吸等必要的处理。

5. 现场抢修部

(1) 负责组织成立现场抢修队伍，配备好抢修工具。

(2) 根据指挥部的命令，对危险部位及关键设施进行抢（排）险。

(3) 协助组织做好恢复生产工作。

6. 通信联络部

(1) 负责赴现场接通电话，供应急指挥部使用。

(2) 当有线通信设施遭受破坏时，及时采取措施，确保通信联络畅通。

(3) 负责灾后全面检查修复有线通信设备，确保通信设施正常工作，以尽快恢复生产。

7. 物资供应部

(1) 根据指挥部的命令，及时组织事故及灾害抢险救灾所需物资的供应、调运。

（2）负责组织灾后恢复生产所需物资的供应和调运。

（3）做好平时抢险救灾物资的储备供应。

8. 生活后勤部

（1）负责供应抢险救灾人员食品和生活用品。

（2）负责受灾群众的安置和食品供应工作。

（3）负责损坏房屋及公共设施的修复工作。

9. 环境应急部

（1）在化工企业生产安全事故发生时，尽量保证污染治理设施正常运行。

（2）负责启动本单位内的环境应急监测。

（3）根据不同事故的类型，确定监测布点和频次。

（4）根据监测结果，决定疏散目标人群。

（5）与事故单位外应急反应人员、部门、组织和机构进行联络。

10. 现场保卫部

（1）负责组织对事故及灾害现场的保卫工作，设置警戒线，维护现场交通秩序，禁止无关人员进入。

（2）现场治安巡逻，保护现场，制止各类破坏骚乱活动，控制嫌疑人员。

（3）当出现易燃易爆、有毒有害物质泄漏，可能发生重大火灾爆炸或人员中毒时，根据应急指挥部的指令，通知人员立即撤离现场。同时，禁止在警戒区范围内使用对讲机、移动电话及吸烟、发动机动车辆等。

（4）负责做好应急和救灾物资的保卫工作。

第三节　事故救援人员防护体系

　　我国化工企业生产安全事故应急救援体系正处于建立和发展阶段，目前担任此项工作任务的主要是各级政府相关职能部门，由于相对于发达国家起步较晚，尚待进一步加强与完善，因此，对应急救援人员的安全防护就显得尤为重要。

　　在很多应急救援情况下，应急救援人员都会在有泄漏、爆炸、火灾等危险源的地方工作，因此，必须建立完备的救援人员防护体系。

一、应急救援人员现场着装和标志

　　应急救援人员穿戴防护服以防护火灾或有毒液体、气体等危险。使用防护服的目的有三个：保护应急救援人员在营救操作时免受伤害；在危险条件下应急救援人员能进行工作；逃生。

　　为便于对救援现场各类人员的识别和指挥，参加应急救援的人员应在着装上有所区别，并佩戴特别通行证。

　　应急救援人员的现场着装和标志要求如下：

　　1. 总指挥应当戴橙色头盔，身穿橙色外衣，外衣前后印有"总指挥"的反射性字样。

　　2. 消防指挥应当戴红色头盔，身穿红色外衣，外衣前后印有"消防指挥"的反射性字样。

　　3. 公安指挥应当戴蓝色头盔，身穿蓝色外衣，外衣前后印有"公安指挥"的反射性字样。

　　4. 医疗指挥应当戴白色头盔，身穿白色外衣，外衣前后印有"医疗指挥"的反射性字样。

5. 事故单位的指挥人员，应当戴黄色头盔，身穿黄色外衣，外衣前后印有"指挥员"的反射性字样。

6. 医疗人员参加救援行动时，必须穿印有反光急救字样的白色急救工作服。

7. 公安局参加救援行动的人员着警服。

8. 消防队员着全套消防战斗服。

9. 其他单位参加救援行动人员着本岗位的服装。

二、救援人员防护及救援设备

1. 防护装备的分类

我国目前尚未制定相应的防护等级，一般可分以下几类：

（1）一般工作服（衣裤相连的工作服或其他工作服、靴子及手套）。

（2）耐酸碱工作服，可防止强酸、强碱腐蚀皮肤。

（3）隔绝式防化服＋隔绝式呼吸器，可防各类有毒有害物质。

（4）透气式防毒服＋过滤式呼吸器，适用于已知化学性质的污染现场。

2. 选用个体防护装备方面应注意的原则

选用个体防护装备首先要熟悉和掌握各种防护装备的性能、结构及防护的对象，其次是有害物质的性质、浓度及其暴露的时间。一般情况要注意的是以下两个方面：

（1）呼吸道防护用具的使用

①选用何种类型的呼吸道防护用具（在污染物质性质、浓度不明的情况下必须使用隔绝式防护用具；在使用过滤式防护用具时要注意，不同的毒物使用不同的滤料）。

②呼吸道防护用具能否起作用（新的防护用具要有检验合格证，库存的是否在有效期内、用过的是否已经更换新的滤料）。

③如何佩戴呼吸道防护用具（必须要密封）。

④何时佩戴呼吸道防护用具（发现有中毒征兆时，可能为时已晚）。

⑤何时摘下呼吸道防护用具（长时间佩戴面具会感到不舒服，如时间过长，还需更换滤料）。

（2）防护服装的使用

①必须清楚防护服装的防毒种类和有效的防护时间。

②要了解污染物质的性质和浓度（尤其要注意其毒性、腐蚀性、挥发性），选对种类，否则起不到防护作用。

③防护服装是否能反复使用。

④能反复使用的防护服装，在使用后一定要检查是否有破损，无破损根据要求清洗干净以备下次使用。

消防人员执行特殊任务（如在精炼厂救火）时可穿戴防热辐射的特殊服装。在进行泄漏清除工作时，可使用对化学物质有防护性的服装（防酸服），以减少皮肤与有毒物质的接触。气囊状服装可避免环境与人员之间的任何接触，这种服装有救生系统，从整体上把人员密封起来，可在有极端防护要求时使用。

安全帽可在一定程度上防止下落物体的冲击伤害。

在火灾和危险物质泄漏应急中，呼吸保护是必需的，自持性呼吸器和稍差一些的防毒面具是这些应急行动中最重要的防护设备。

呼吸器主要用于应急人员执行长期暴露于有毒环境的任务，如营救燃烧建筑中的人员或处理化学泄漏事故。处理化学泄漏事故时，应急人员要通过关闭切断阀来防止泄漏，如果这种操作不能遥控，就必须由一组应急人员穿戴呼吸器到阀门处进行人工切断。同样，储罐破裂有毒物质泄漏时，有时需进行堵漏，也要求应急人员穿戴呼吸器等防护设备。除了自持性呼吸器，这些操作还要求穿戴全身防护服以防止化学物质通过皮肤进入身体。

应急人员使用呼吸器需要接受训练。呼吸器在逃生时特别重要，应该储藏在专门场所，如控制室、应急指挥中心、消防站、特殊设施和应急供应仓库。此外，油缸呼吸器应该定期进行维修保养和检查。

防毒面具用于逃生，一般有两种类型。第一种类似自持性呼吸器，但它提供空气的时间很有限（通常为 5 分钟），可使人员到达安全处所或逃到无污染区。这种呼吸器由头部面罩或头盔以及气瓶组成，携带比较方便。

第二种防毒面具是一种空气净化装置，由过滤或吸收罐提供可呼吸空气。它与军事中的防毒面具类似，只针对专门气体才有效，要求环境中有足够的氧气供应急人员呼吸（极限情况为 16%）。这种装置只有在氧气浓度至少为 19.5%、有毒浓度在 0.1%～2% 之间时才适用。此外，这种防毒面具在过滤器的活化物质吸收饱和时就失效了，而且，过滤器中的活化物质会由于长时间放置而失效，因此要求定期保养维修。这种防毒面具的优点是穿戴时间短、简便。

3. 人员防护服

（1）防护服的材料

大多数化工企业的主要防护设备是消防人员在内部建筑灭火时所使用的设备（包括裤子、上衣、头盔、手套、消防靴）。消防人员使用的防护设备主要起防止磨损与阻热作用。但是此类设备在化学品泄漏时，不能或只能提供有限的保护作用。

化学品防护服使用的材料见表 2—1。

表 2—1 　　　　　　　　　　化学品防护服的材料

材料	说明
天然橡胶	耐酒精和腐蚀品，但易受紫外线和高热的破坏，一般用于手套和靴子
氯丁橡胶	合成橡胶，耐酸、碱、酒精的降解和腐蚀，用于手套、靴子、防溅服、全身防护服，是一种好的防护材料
异丁橡胶	合成橡胶，除了卤代烃、石油产品，耐许多污染物，用于手套、靴子、衣服和围裙

材料	说明
聚氯乙烯	耐酸和腐蚀品，用于手套、靴子、衣服
聚乙烯醇	耐芳香化合物和氯化烃以及石油产品，用于手套，在水中不能提供防护，是水溶性的
高密度聚乙烯合成纸	有较大弹性且耐磨损，与其他材料结合使用可用来防护特别的污染物
Saranex	通常是涂在高密度聚乙烯合成纸或其他底层上，用于一般情况，是非常好的防护材料
氟弹性体	与毛麻呢相似的人造橡胶，耐芳香化合物、氯化烃、石油产品、氧化物，弹性较小，可涂于氯丁橡胶、丁基、高熔点芳香族聚酰胺或玻璃丝布等材料上

（2）需要考虑的因素

类似的防护服可在不直接接触火焰时允许应急者在较高的温度区域内工作一小段时间。全面防火服可提供应急者通过火焰区域或高温环境的必要保护。全面防火服在应急者与火焰短时间接触时提供保护，只有当应急人员可快速通过火焰或执行某项任务（如关闭发生火灾附近的阀门）时使用。这些防护服一般很沉重，缺少灵活性与轻便性，易使使用者疲劳。任何一种防护服都不能提供化学品腐蚀与渗透的所有防护。选择防护服时需要考虑的因素见表2—2。

表2—2　　　　　　　选择防护服时需要考虑的因素

考虑因素	说明
相容性	工厂应考虑应急人员可能暴露在何种化学品中。防护服必须与可能遇到的化学品的危险特性相匹配。有关相容性的表格应准备，这些在制订计划时常用来作为参考
选择标准	在计划过程和实际事故中应该使用明确的选择标准
使用范围和局限性	服装的使用范围应事先确定出来，要考虑其局限性，并在培训计划中说明

考虑因素	说明
工作持续时间	体热无法散发是主要问题，应急人员应该接受培训，以应对这种情况，而且管理系统应能事先预防这种有生命威胁的状况出现
保养、储存和检查	应该制定一套可靠的制度来确保防护设备的检查、储存和保养
除污和处理	应有方法确保服装事先的除污和处理，其结构既有好的化学和机械防护性能，又有合理的价格，允许处理或再使用
培训	应急者应在个人防护设备各方面都受到过培训，培训必须与此人接受任务大小和所遇到的危险相匹配。穿防护服行动易导致疲劳和紧张。人员穿此服必须训练良好
温度极限	除了全身防护服可提供临时防护外，其他物品不能提供防火或低温的防护

（3）闪火的防护

防火服与防化学设备结合使用是在化学品应急行动中避免受到热伤害的一种方法。这种服装通常在防火材料上涂有反射性物质（通常为铝制的）。这种衣服只是能够提供对于闪火的瞬间防护而不能在与火焰直接接触的地方使用。

（4）热防护

在一般灭火行动中，应急者可穿防火服，它能够提供对大多数火灾的防护。然而，有时会出现需要应急者进入并在高热环境下工作的情况。这种极限温度会超出防火服结构的保护程度。因此，这时需要穿专用耐高温服。

（5）选择合理的防护标准

在选择正确的防护标准时，首先应该考虑应急者实施行动的范围及条件：是单纯的灭火行动，是危险物质（Hazmat）应急行动，还是两者都有。

选择化学防护服时，反应级别（进攻性的或防护性的）反映了需要使用防护服的类型。只接受防护性行动训练的应急人员（现场最初应急者）比实施进攻性行动的人员（危险物质专业技术人员）穿戴的防护设备的级别要低。

下一步要考虑应急者可能遇到的化学品的危害性。计划者应该了解工厂内所有应急者可能遇到的化学品，从而来选定个人防护服的要求。应考虑的危害包括：

- 化学品的对生命和健康突发危害浓度（IDLH）
- 腐蚀性
- 易燃性
- 有害物质进入体内的途径（经呼吸还是皮肤吸收有害物质）
- 危险品的物理状态（气、液、固态或混合相态）
- 允许暴露极限（PEL）
- 应急行动可能需要的暴露持续时间
- 暴露时是否有预警信号（气味、视力、听觉、灼痛感等）、早期症状和可能延迟或不敏感的影响。
- 其他有关因素，如当应急人员与危险物质较近时，出现火灾、爆炸和剧烈反应的可能性。

除以上描述的化学性危害的影响，防护服的选择还要考虑应急者在工厂内可能遇到的物理危险因素，如烫伤（蒸汽管线、明火）、划伤、刮伤的危险，有限空间的危险和季节、气候因素。在危险物质事故中受到简单物理伤害的人员比由于化学品暴露受到伤害的人数多。因此，服装的材料必须耐用，能承受行动所需的强度。当处置低温物质时，也要考虑冷脆性。散热也是一个需要考虑的重要问题。大多数化学防护服不透气，很难散热。

了解了存在的危险后，计划者就可确定何种防护服工作时最有效。美国环保局给出了确定防护级别的方法，它只提供一般性的建议。个人防护等级见表2—3。

表 2—3　　　　　　　　　　个人防护等级

级别	说明
A	当呼吸系统、皮肤和眼睛需要最高级别的保护时应该穿戴 A 级防护服
B	当呼吸系统需要最高级别的保护,皮肤方面对毒气的防护稍差时,应该穿戴 B 级防护服
C	呼吸系统需要的防护程度较低,当对皮肤要求一定防护时,穿戴 C 级防护服
D	D 级只有在没有任何呼吸和皮肤危害的场所,作为工作服使用。它不能提供对化学品的防护

　　一些化学品防护服的生产者与销售商提供了一个完整的套装包括消防靴、手套、外套、护目镜、衣服等。尽管可以提供一定的便利,但它不能完全满足事故防护的特殊需求或不能完全防止危险。因此,在购买化学品防护服时,应该考虑暴露在工厂危险中的每个部件的有效性,即能够有效地保护身体、手、足、脸等。

　　当发生酸泄漏时,需要考虑的是保护身体、足、眼、脸部免受酸伤害。结合这几种功能的服装将提供最好的防护。有些酸泄漏可能引起烟雾和飞溅,因而可能需要全身防护(包括脸、手、足以及呼吸系统)。

　　还有的情况是易燃性物品也具有皮肤毒性,首先可能要考虑应急人员应穿化学防护服,但由于物质易燃性的危险性更高,因此必须要考虑热防护。可以将防火服与防护服结合使用。

4. 呼吸系统的防护

（1）自持式呼吸器（Self-Contained Breathing Apparatus）

　　自持式呼吸器（SCBA）由一个完整的面罩和具有调节器的气瓶组成。应急人员只能使用正压力型的自持式呼吸器,因为要假定人员在生命和健康突发危害浓度（IDLH）下工作。自持式呼吸器能提供在大多数污染气体中工作时呼吸系统的防护。但因携带的空气量有限,消耗率较高,所以要考虑供气时间的有限性,而且自持式呼吸器一般体积庞大且笨重，造成人员闷热，在局限空间行动不便。自持式呼吸器的类型必须根据工厂的需要来确定。

计划者应该决定使用高压型 SCBA 还是低压型 SCBA。使用高压型的优点是能延长应急者所携带空气的使用时间。

当火势减弱时，呼吸器可使用时间在危险物质事故的应急中显得特别重要，因为危险物质事故应急一般需要较长的时间。危险物质事故要考虑的时间包括进入现场、处理问题、撤离现场以及完成污染净化。另外还要考虑的问题是在每一次使用后，这些气瓶如何重新充气。危险物质应急所需要的时间见表 2—4。

表 2—4　　　　　　　　　危险物质应急所需要的时间

任务	一般持续时间
应急者进入工作区域所需时间	3 分钟
应急者在高热区工作所需时间	10 分钟
应急者从工作区域内撤离所需时间	3 分钟
清除污染所需时间	5 分钟
共计时间	21 分钟

选择自持式呼吸器还要考虑的其他因素：

• 质量

• 目前工厂所使用 SCBA 类型（如果目前使用的适合应急人员，最好保持一致）

• 其他来到工厂提供援助的外部机构所使用的 SCBA 类型

• SCBA 是否符合有关标准、规范

• 通信联络接口

（2）补给式空气呼吸器（SAR）

补给式空气呼吸器（SAR）能把远处的气源通过供气管线与使用者相连。补给式空气呼吸器与自持式呼吸器相比，允许应急人员有更长的工作时间。它不像 SCBA 那样笨重和庞大，一般 SAR 设备只有 2 千克。SAR 一般能提供大多数污染气体的防护，但不允许使用在生命和健康突发危害浓度和缺氧环境下（除非配有紧急供气装置如 SCBA，当供气管线失效时提供紧急呼吸保护）。

软管长度应不超过 90 米。随着软管长度的增加，最低允许气流量可能无法送达，而且软管很容易被损坏、污染和老化。使用 SAR 时移动性也受到限制，人员必须按原路慢慢退出工作区。化工企业生产安全事故应急救援防护设备一览见表 2—5。

表 2—5   化工企业生产安全事故应急救援防护设备一览

类别	序号	设备名称	用途及设备参数	功能	适用环境
化工企业生产安全事故	1	隔绝式防毒衣	全身防护：现场安全防护救援、采样、监测	防护有毒有害污染物	化工、石油、纺织、印染、造纸、酿造、制药、化肥、炼油、制革、爆炸事件
	2	简易防毒面具	呼吸防护：现场安全防护救援、采样、监测	防护有毒有害污染物	
	3	防毒靴套	足部防护：污染采样、监测	防护有毒有害污染物	
	4	防酸碱长筒靴	足、腿部防护：现场安全防护、救援、采样、监测	防护有毒有害污染物	
	5	耐酸碱防毒手套	手部防护：现场安全防护、救援、采样、监测	防护有毒有害污染物	化工、石油、厂矿、爆炸事件
	6	耐酸碱防水高腰连体衣	全身防护：现场安全防护、救援、采样、监测	防护酸碱污染物	

续表

类别	序号	设备名称	用途及设备参数	功能	适用环境
化工企业生产安全事故	7	救生衣	现场救援防护、采样、监测	防护、救援	排污口、沟渠、河流
	8	急救箱	现场中毒急救及安全防护	急救、防护	各种污染事件受伤急救
	9	投掷式标志牌	现场安全防护、警戒	警戒	各种污染事件的警戒标志
	10	插入式标志牌	现场安全防护、警戒	警戒	各种污染事件的警戒标志
	11	排水泵、消毒设备、各种堵漏器、堵漏袋、堵漏枪、洗消器、封漏套管、阻流袋等	现场处理、救援	现场应急处理、救援	各种水污染事件
	12	救护车	医疗卫生部门负责	人员安全救援	
	13	防毒面具（接滤毒罐）	呼吸防护：最少可防毒时间为120分钟	综合防有毒有害气体、各种有机蒸汽、氯气、氨气、硫化氰、一氧化碳、氢氰酸及其衍生物、毒烟、毒雾等	化工、油库、气库、石化、冶炼、制药、农药、炼油、交通运输等泄漏、火灾、爆炸等
	14	小型洗消器、消毒设备、洗消剂、各种堵漏器、堵漏袋、堵漏枪、封漏套管、阻流袋、封漏胶、封漏剂等	救援	救援	
	15	各种防化消防车	消防部门负责	事件处置与救援	

续表

类别	序号	设备名称	用途及设备参数	功能	适用环境
化工企业生产安全事故	16	简易防毒面具	呼吸防护	防轻度、低浓度的有毒有害气体	防轻度、低浓度的有毒有害气体
	17	正压式空气呼吸器	可防毒时间60分钟	防高浓度的有毒有害气体	化工、石油、厂矿、交通运输等泄漏、火灾、爆炸等事件
	18	隔热/冷手套	现场安全防护	救援、防护	
	19	防毒手套	现场安全防护	救援、防护	
	20	高压呼吸空气压缩机	配供正压式空气；压缩空气充气泵100升每分钟	防各种有毒有害气体	
	21	气密防护眼镜	现场安全防护	防化学物质飞溅、防烟雾等	
	22	气体报警器	有毒气体报警、人员安全防护	一氧化碳、硫化氢	
	23	隔绝式防毒衣（防化服）	现场安全防护	防有毒气体、芥子、光气、沙林、核辐射、耐酸碱等	化工、油库、气库、石化、冶炼、制药、化肥、炼油、印染、交通运输等泄漏、火灾、爆炸等
	24	阻热防护服	现场安全防护	防火、防热、防静电	化工、油库、气库、炼油火灾、爆炸等
	25	防酸碱工作服	现场安全防护	防酸碱水蒸气	化工、冶炼、交通运输等泄漏、爆炸

续表

类别	序号	设备名称	用途及设备参数	功能	适用环境
化工企业生产安全事故	26	滤毒罐	连防毒面具，最少可防毒时间为120分钟	综合防毒	化工、石油、厂矿、农药、交通运输等泄漏、爆炸
	27	防酸碱长筒靴	现场安全防护	防酸碱物	化工、厂矿、交通运输等泄漏
	28	防毒口罩	防护呼吸道	综合防护轻度、低浓度的有毒有害气体	各种大气污染、爆炸、火灾等
	29	风速风向计	测定风速风向、人员安全防护与救援距离	测定范围：风速为0～60米每秒 风向为0°～360° 风向精度为±3%	
	30	测距仪	测定距离、人员安全防护	测定距离范围：0.2～200米	大气污染事件
	31	灭火器	现场安全防护	灭火	大气污染、爆炸、火灾等
	32	救护车	医疗卫生部门负责	人员安全救援	

第四节　应急救援保障体系

应急救援支持保障体系主要包括通信与信息体系、技术与装备保障体系、宣传教育与培训体系、专家咨询支持体系四部分。

一、通信与信息体系

通信与信息体系是保证应急救援体系正常运转的一个关键。生产安全应急救援体系必须在各级应急救援指挥中心之间、各级应急救援指挥中心与区域救援中心之间、国家应急救援指挥中心与国家生产安全应急委员会成员单位和省级应急机构之间、应急队员之间、救援体系与外部之间建立畅通的通信网络系统，并设立备用通信系统。信息系统的建设包括建立应急救援信息网，开发应急救援信息数据库和应急救援指挥决策支持体系。化工企业生产安全事故应急通信设备见表2—6。

表2—6　　　　　化工企业生产安全事故应急通信设备

序号	应急通信设备名称	功能、特点
1	固定电话	(1) 电话警报系统提供关于整个现场的信息 (2) 收到来自现场应急管理者的信息和命令后，现场安全人员要确保通知所有的相关部门 (3) 应直接在调度中心和以下位置安装"热线"电话：消防部门、行政部门、控制中心、119调度中心、公安部门 (4) 当启动应急控制中心后，应急队员可以使用应急控制中心系统的内部电话
2	移动通信	实现实时沟通，如通话和接发短信
3	传真机	快捷的图文传递
4	无线电	无线通信系统具有迅速、准确、安全的优点，并可构成多层次的专用指挥调度网。无线电通信设备机型有手机型、车载型和固定型。无线电有利于救援工作的指挥调度，已作为应急救援的主要通信手段。无线寻呼机可以作为救援人员的应急传呼工具。在近距离的通信联系中，也可使用对讲机。另外，传真机的应用也缩短了空间的距离，使救援工作所需要的有关资料能够及时准确地传送到事故现场

序号	应急通信设备名称	功能、特点
4	无线电	(1) 现场安全部门人员负责监控下列各组的无线电频率：现场安全、生产人员、环境部门、控制部门、仪器部门、工业卫生部门、能量或公用事业部门、应急指挥中心、现场内服务部门 (2) 在紧急情况中，上述的任何一个无线电系统都与"现场安全"联系。除了现场人员所使用的无线电频率外，大多数人可通过手中的无线电收发两用机使用特殊的应急频率 (3) 如果需要，使用移动和空余单元 (4) 只有对无线电检查和应急行动及紧急情况等很重要的信息的传递才可使用无线电，其他信息用电话联系
5	同轴电缆	同轴电缆是把声音、信息、安全消息或电视录像带传送到工厂内的电视装置。并把摄像机信号信息传送到调度中心
6	应急通信车	它是能够被派遣到现场的可移动通信中心。其配备了支持应急无线电频率的设施和多孔电话，可根据紧急情况开到规定的位置
7	应急发电机	应急发电机提供必要的能量支援，相关工作人员应每周检测一次它的工作能力

二、技术与装备保障体系

化工企业生产过程中发生紧急情况时需要使用的大量设备与物资，如果没有足够的设备与供应物资如消防设备、个人防护设备、清扫泄漏物的设备，即使训练良好的应急队员也无法减缓紧急事故。此外，如果设备选择不当，可能对应急人员或附近的公众造成严重伤害。

化工企业要购买必需的应急设备与供应物资，并且要进行定期的检查、维护和补充，以免由于资源缺乏延误应急行动。

许多事故现场将会涉及火灾、有害物质泄漏、技术营救及医疗抢救等，现场必需的应急的设备与工具如下：

· 灭火装置（依赖于消防队的水平、输水装置、软管、喷头、自用呼吸器、便携式灭火器、仪器等）

· 危险物质泄漏控制设备（泄漏控制工具、探测设备、封堵设备、解除封堵设备等）

· 个人防护设备（防护服、手套、靴子、呼吸保护装置等）

· 通信设备（电报、电话、传真机等）

· 医疗设备（项圈、担架、救护车、夹板、氧气瓶、急救箱等）

· 营救设备（滑轮、空中绳索、保护绳、尖头工具等）

· 资料（参考书、工艺文件、行动计划、材料清单、事故分析和报告及检查表、地图、图样等）。

1. 消防准备

尽管购买和保养需要一定资金，但化工企业必须购置消防设备。设备包括消防车（水或泡沫）、营救车辆、救护车、简易帐篷、流动监测车、报警车、指挥车和危险材料运输车辆。这些车辆设备对应急行动是必不可少的。在确定设备数量时则应考虑以下因素：

· 固定灭火系统的类型和范围（如水喷淋系统、泡沫系统、竖管等）

· 消防水系统的流量与压力设计

· 工厂应急队的能力

· 工厂大小

· 外部机构向工厂提供的应急能力（设备、反应时间、设备工作时间等）

· 用于保养、运作与培训的费用

2. 消防设备

消防车是城市消防部门中最重要的装备，它配备高容量的离心水泵，通常泵流量为 4 500～9 000 升每分钟。标准流量下的送压应不低于 10 个标准大气压。泵配有标准管径 0.76 米、双套、橡皮消防管。有不同型号的水枪（直喷式、喷雾式和混合式）、消防梯和 A 级灭火器。NFPA 标准给出了配备泵的详细说明，提供了带梯卡车，特别是配 100 米云梯的卡车的详细说明。在城市消防操作中，经常要使用这种卡车，它对抢救生命和控制火灾是非常重要的，工厂可不要求配备。风险分析可确定出实际的消防需要。

除了标准手持喷头，也可在消防车上安装水枪、水炮和类似装置。如果可能，可升高平台式卡车，这对从上向下浇水非常有用。这些用具也可替代更传统的梯式卡车。

工厂应该建有消防水管网系统，塘、湖也可使用作为水源。水罐车也能供应一定水量（4 500～45 000 升）。水泵提水量有限（1 500～4 500 升），如果已经建有给水管网，运输这些额外水量看起来不是必需的。可是在很多情况下，这种瞬时供给水在灭火初期作用极大。设计精确的坠毁单元可运送大量的水（最多可达 135 000 升）和最多 225 000 升泡沫，可以在 5 分钟内送到火场。它们用在工厂也是很有效的。

许多工业场所可能要求配备专门的消防车，以防发生各种火灾。例如，当不能使用水来灭火时，采用干化学装置运送大量干灭火物质，这些装置通常可运送 340 千克的固体灭火剂。携带液体装置与此类似，可通过压缩氮气喷头喷到火场。二氧化碳至少要在 20 个标准大气压下储存，它对化学品火灾非常有效。在火灾失控前的很短时间内，这个装置可以输送大量的二氧化碳。

在大中型工厂通常具有某些消防设施。这种设施一般包括消防仓库、一或两辆消防车、其他应急车辆、设备和供应物资。

消防操作可能需要其他设备和物资来保护消防员生命和实行其他重要的营救和消防行为，如进入起火建筑、通风和一般消防任务。这些设备可用卡车运送到事故现场，设备如下：

• 呼吸器

- 备用空气瓶
- 防毒面罩
- 全身防护服
- 防酸服、护目镜、靴子、橡胶手套、头盔
- 其他个人防护设备
- 担架
- 急救箱
- 氧气瓶
- 人工呼吸器
- 安全带
- 绳索
- 焊枪
- 绞车
- 手板和工具
- 螺栓切割刀
- 电锯
- 切割工具

更多专用设备如发电机、强力照明灯、照明设备和必要的物资供应装置也需准备。

与执行其他应急操作一样，反应小组必须配备通信联络设备，如无线电或手机。

所有人员要正确地识别设备、知道如何正确地使用这些设备、理解所有的安全操作程序如什么时候撤离等，所有的消防设备与系统都应该严格遵守检查与维修计划。

3. 灭火物质

即使事故的火灾危害范围很小，一般也需要各种类型的灭火剂。灭火剂有助于防止火灾在整个事故区域的蔓延。由于在现代工业设备中大量使用易燃性材料，编制有效的灭火剂的清单对应急行动非

常重要。

计划者应该考虑使灭火剂与其他设备、燃料及火势控制所需的储备物资相适应。除了考虑所需材料的类型外，计划者还应该能够识别出最安全、最有效的应用方法。

在讨论消防设备之前，简要地了解四种等级的火灾是很重要的：

- A级：纸、木头、塑料或相似的材料
- B级：易燃的与具有可燃性的液体
- C级：电力系统与设备
- D级：可燃性的金属

（1）水

水有许多优点，是最广泛使用的灭火剂。水很容易得到，非常便宜，不需要特殊的技术来应用与输送。水是通过从燃烧物质的表面吸收热来完成灭火的，由于水的作用，可燃性材料表面的温度变低，低于发生燃烧的温度，这样就达到了灭火的目的。

水的有效性可能取决于它的广泛应用：

- 只需要较少的热量传递，就能获得浓密的水蒸气
- 许多分裂的小水滴的溅散可能吸收较多的热量

如果在事故的发生区域周围有充足的水蒸气，就能驱赶氧气，达到灭火的目的。水还可以通过搅拌与乳化较重的黏性可燃液体，达到灭火的目的。水的灭火能力在诸如纸张、木头或其他简单的纤维状燃料的火灾中可以得到更好的体现。

可以使用不同的添加剂来改变水的特性，包括防冻溶液，具有较好的渗透性从而能降低表面张力的混合物，增厚以及增加黏性。

水也有一些致命的缺点：

- 水蒸气及池中的流水可能有危险的导电率
- 水不适用于扑灭可燃性的气体
- 当水应用于比水的沸点高的物质时，能引起蒸气爆炸
- 水增加了溢流，并能使火灾扩展

• 水的排泄可能引起一些环境问题

• 水很容易与一些材料反应，如可燃性金属和一些氧化物、酸、碱

• 水对于可燃性的液体火灾是无能为力的，并能使火灾扩大到其他的区域

即使水不能直接应用于灭火，它也能用来浸湿着火区域以保护应急人员和产品免遭热辐射的危害。水还可以应用于固定的喷洒器、简便的手工灭火装置等。

在应急行动中有充足的水供应是非常重要的。

除了通常的水供应源外，还包括湖水、水库、自来水等。所有的这些都是为了更好地应对紧急情况，应该保证水源的稳定性与易得性。所有供水源都应该让消防车很容易地从水源处取水，影响因素包括附近的路面情况等。

（2）泡沫

消防中常见的供应物资除了水，还有其他灭火剂。泡沫是其中最重要的一种。灭火泡沫是含表面剂的溶液，加入水后，产生一层厚厚的泡沫能有效地覆盖着火区并灭火。发生较大范围的火灾如可燃液体泄漏后着火，泡沫是最好的灭火剂。

消防中存在不同类型的泡沫。标准低膨胀蛋白质泡沫采用动物蛋白和碱性物水解制成。实际使用泡沫时，可通过计量计把泡沫剂加入消防水管道制成。有专门带孔泡沫喷嘴可引入空气，在喷嘴出口形成泡沫。泡沫剂常用水溶液浓度为 3%～6%，当空气进入消防水中，可产生 1∶10 的体积膨胀。现在已经生产出中型和高型膨胀泡沫，膨胀率可达 1∶100 甚至 1∶1 000。这些泡沫很轻，容易被风吹动。蛋白泡沫的缺点是覆盖物很容易破碎，导致重新燃烧。水成膜泡沫（AFFF）是另一种常见的泡沫。它是一种合成泡沫，可产生一个薄膜浮在可燃液体表面，从而阻止氧气进入燃烧表面。氟蛋白泡沫能消除一些蛋白泡沫的问题，它通过加入表面活性剂，降低燃

烧有机燃料与泡沫水之间的表面张力，生成的漂浮水膜可阻止重燃。可是这种泡沫比蛋白泡沫价格贵，此外这种泡沫一般与干化学灭火剂不相溶。使用更新型的氟蛋白泡沫可消除这种不便。

其他类型的泡沫有极性泡沫或酒精型泡沫，酒精型泡沫已经逐渐被取代或只在特殊情况下使用，如发生极性物质的火灾时，其他类型的泡沫都会因为溶解而无效。

二氧化碳也是一种灭火剂，它能够抑制火灾，建议作为电气火灾灭火剂。当发生可燃液体火灾（B型），如果在火灾蔓延之前大量使用二氧化碳会十分有效。

根据火灾危险的类型和规模，工厂应该储存足够的消防设备和灭火剂以应付有可能发生的火灾事故。

泡沫也有一些缺点。泡沫必须能结合成一个黏着的包层并能耐高蒸气压力燃料，这些燃料可能是易混合的、与水易反应的，这些液体火灾的表面温度可能超过了水的沸点。使用泡沫是很难扑灭三维空间和自由流动的燃料火灾的。在这些情况下，在它的源头阻止燃料供应是最好的控制方法，必须注意：泡沫与水相比有更大的导电性。

（3）干化学品

干化学品灭火剂由细密颗粒所组成，它应用于手工灭火器或是固定的系统。干化学品特别适用于可燃性液体火灾，它能够快速地扑灭这些火灾。干化学品能够有效地扑灭火灾，但是因为它不能降低火的表面温度，所以能够被二次引燃。

干化学物质如碳酸钾适用于B型和C型火灾，这时不能使用水。它是一种颗粒很细的固体粉末，必须使用惰性喷发剂覆盖在火上。它的灭火特性主要基于干化学物质会影响燃烧反应。

哈龙在灭火时也非常有效。它利用化学相互作用的机理扑灭火灾。它主要的缺点是对人体有害。哈龙有两个类型，1211和1301。哈龙1211常用在便携式灭火器，而哈龙1301专门应用在固定装置中。

(4) 干粉

还有许多很特殊的灭火剂，可以专门处理化学火灾（D 级火灾），如镁、钠、钾、锆和其他金属火灾。干粉基本上指的是在控制等级 D 的可燃性金属火灾中应用了不同的分离好的粉末形式。干粉灭火能力的问题在于能够适用干粉的可燃性金属的范围和类型非常有限。

干粉特别适用于易燃的液体火灾并能迅速地扑灭火焰。干粉微粒能干扰链反应，因此有快速灭火特性。所有类型的干粉剂都是不导电的，因此，在等级 C 下能够安全使用。

4. 泄漏控制设备

气体泄漏发生后，只能有几种方法来控制。

应对措施只限于固定消减系统（如水幕和水喷淋）喷出吸收剂（如水）进入扩散泄漏气体（如氨气）。这些设备在前面已经讨论过。

使用移动设备在现场操作时，也可使用类似的方法。这种方法只能限于泄漏源附近的蒸气扩散。氯化氢气体在水中能被有效地吸收。消防管喷射出的水流可产生这种水雾，允许反应人员实施应急行动，如营救人员或应急隔离毁坏容器。

可燃气体一般不溶于水，它们被水流冲散后，可低于可燃点浓度。因而标准的消防设备和个人防护器具是主要设备。此外，实施某些反应行动如堵塞、泄漏或关闭堵塞的隔离阀可能需要专门工具。修复工具和其他设备如螺栓切割机、电锯、无火花工具有时极为有用，应储备。

防止泄漏可采取冷冻措施。这种方法使用液化气体，如二氧化碳或氮气。液化气蒸发膨胀到空气要吸热，特别是从泄漏物质吸热，因此，它有冻结作用而产生固体塞。二氧化碳灭火器有时也能用于此类事故中。使用这种方法时，容器材质会发脆，这是一个要注意的问题。

预防和存留液体泄漏的技术和设备较为常见。固定储罐的液体泄漏存留可通过围堤、沟渠。应急存留系统也要建成，假若地形允许，这个工程可使用动土设备。塑料衬里和漂浮栏用来限制物质流入地面或水源等临近敏感地区。

泵是泄漏容留方法中应着重考虑的一个部分。泵可有效运送泄漏物质或危险容器内的物质到安全位置，可建造带应急塑料衬里的容纳体临时存留物质，以待恢复和转移。

快速定型泡沫也可以有效防止渗漏。例如，聚氨酯泡沫可以在短时间内使用，一分钟即可固化。它形成的障碍不仅能防水，也能防许多有机化学物质。此外，泡沫也是防火的，但有热源存在时也会慢慢燃烧。

这些泡沫也可用于临时堵漏。美国环境保护局已经设立基于快速成型泡沫的轻便系统。它会进入泄漏点释放泡沫，形成一个密封塞。这种系统可用于地下水泄漏和10厘米直径大小的孔洞。工厂应该有足够量的这种系统和其他泄漏容留设备，以应付任何形式的泄漏。这种聚氨酯泡沫的主要缺点在于它的生命周期短且价格昂贵。

泄漏使用的化学药剂：

（1）抑制剂

抑制剂能够阻止或降低反应的程度，并能有效地使易反应性材料的事故稳定。使用化学抑制剂有一定的危险性，因此，需要很仔细地决定抑制剂的类型、数量、使用率。抑制剂的使用可以消除事故的源问题，特别适用于小型泄漏。

（2）中和剂

中和剂与抑制剂的使用类似。通过使用中和剂，泄漏物质的有害性、易反应性被破坏或被明显地降低。中和剂的优点与抑制剂相似，但还有重要的不同。

应该把合适数量和类型的中和剂放在现场外，并在事故中能够很容易地使用它。中和方法必须能确保改变最初的化学品特性，但是并不是每一个中和反应都能被预测。中和必须是完全的，但不能进行得太快以致不能控制热的产生。因此，中和的类型、数量、应用率都是很重要的。

(3) 吸附剂

必须以控制的方式去除泄漏的物质。环境的法规通常禁止应急者随意去除或处理危险物质。即使使用其他的方法，控制和去除泄漏的污染物质也是必要的。有效、合适的吸附剂对从泄漏位置处去除危险化学品十分有效。

吸附剂是一些能够吸收、收集泄漏产品的非反应性的物质。吸附剂有许多类型，计划者必须辨识合适的和可兼容的吸附剂并把它储存起来。应该依据所使用的化学品及过程来选择所使用的吸附剂。

应急人员使用吸附剂去除危险物质及缓和事故来降低泄漏的状况，能够降低危险。

吸附剂有许多类型、形状。使用不同的自然材料如干草、棉花、土粒等。

5. 医疗支持

治疗由紧急情况所引起的伤害是重要的应急功能。这些伤害可能包括化学暴露、热辐射、外科伤害，也可能是大量的、不同的复杂伤害。一些人可能需要立即的救助，而另外的一些人可能需要较少的救助。所有的这些都需要一定程度的救助。现场救助可能缺乏治疗大量伤员的能力，然而可以作为大面积事故救助的基础，以及作为对少量的重伤员的分类中心。

(1) 与当地医疗系统的合作

在事故现场，值班应急医疗服务（EMS）人员、消防人员、警戒人员或是现场外的应急者都可以提供一些基本的医疗服务。由于所有的伤员都要被运送到当地的医院，因此与当地的医疗系统保持密切的工作关系是很重要的。EMS应该与附近的医院、诊所、专业的医疗救助中心相互协调，对各自的职责、义务、指挥权、运送病人的路线都应该在事故前的准备中商定。

医院应该复查其医疗能力，包括总的床位、治疗化工伤害的能力、缓解病情的设备及一些特定的能力等。医院应该能够识别对于任何一个特定的事故医疗所必须供应的医疗用品的数量如葡萄糖、抗菌药等。

（2）交通运送工具

直升机救援日趋广泛，应用直升机把受伤人员迅速转移到先进的医疗中心。救援单位应有必要的程序，针对大多受化学品伤害的情况，必须设计出净化洗浴伤员的装置。大部分直升机需要的起降空间的直径至少为 30 米，且不能有电线和树木等障碍物，着陆点需要一个或几个。陆上运输队伍在接近直升机时要小心，并需要培训。

（3）大量伤亡和净化

应急计划必须包括预测大量伤亡和需要净化的工作。伤亡数量超过资源应急能力时，需要对人数进行评价和估计，优先治疗和运输的人数取决于伤害程度和医疗能力。交通事故中的大规模化学暴露经常出现，因此，应发展对人、设备及环境的净化装备，并注意控制污染水的流失。

6. 应急电力设备

在电力中断时，应急电力支持系统确保一些设备能够使用并保持许多重要系统的运转是很重要的。每一个重要的设备和应急管理系统都应该有一个应急动力系统作为暂时动力，应急动力可以是电池组或者来自其他电源的单独动力。

每一类系统都有相关的标准。当设计一个应急装置或系统的应急动力系统时，设计者应该审视这些标准和当地的规则。

在选择能够充分满足每一台设备需要的系统类型时，设计者应该考虑下面的问题：

- 主要的电力中断时，怎样快速地供应应急动力系统
- 在添加燃料及充电之前必须保证最起码的供电时间

- 电力中断能引起伤亡及严重事故
- 应急动力系统的最佳位置
- 应急动力系统能承担的负荷
- 能否放在天气严寒或者有地震活动趋势的区域

在回答上述问题时，设计者应该决定应急动力系统的类型、级别和水平。

7. 现场地图和图表

绘制重要应急信息的图表是预防和应急的工具，在发生事故时，地图能提供主要的现场特征，将有利于应急者识别潜在的后果。

对于应急计划，地图是必须的。这些地图最好能由计算机快速方便地变换和产生。在理想情况下，地图应该是现场计算机辅助系统的一部分，经常更新工程文件的人员应更新所使用的地图。

紧急情况下所使用的地图不应太复杂，它的详细程度和水平最好留给绘图者和应急者来决定。使用的符号能符合会议预先规定的或是政府部门的相关标准。

然而，现场经常有变化（如新路线的开通和原有路线的更新），把它们变化的数据标在地图上是很重要的，定期地更新将确保地图上信息的质量，确保应急者有最新的地图版本。

现场的地图应能够供应急者和管理者对事故现场进行恢复及确认易受影响的工序、设备和公共设施。事故的管理者能使用地图来追踪应急人员、应急效果、其他特定的事故信息。

8. 应急救援的重型设备

重型设备在紧急情况下有时是非常有用的，经常与大型公路与建筑物联系起来。在紧急情况下，可能有用的重型设备包括反向铲、装载机、车载升降台、翻卸车、推土机、起重机、叉车、破土机和便携发动机。

重型设备能够帮助应急者完成大的任务，而这些任务几乎是使用人工或是简易的设备不可能完成的。许多重型设备只能由经过特殊培训的人员操作，重型设备的操作人员必须坦然面对与完成任务相联系的危险。

三、宣传教育与培训体系

在充分利用已有资源的基础上，应建立起生产安全应急救援的宣传、教育和培训体系。一是通过各种形式和活动，加强对公众特别是生产人员的应急知识教育，提高社会应急意识，如应急救援政策、基本防护知识、自救与互救基本常识等；二是为全面提高应急队伍的作战能力和水平，应设立应急救援培训基地，对各级应急指挥人员、技术人员、监测人员和应急队员进行强化培训和训练，如基础培训、专业培训、战术培训等。

四、专家咨询支持体系

生产安全应急救援工作是一项非常专业化的工作，涉及的专业领域面宽，应急准备、现场救援决策、监测与后果评估以及现场恢复等各个方面都可能需要专家提供咨询和技术支持。因此，建立专家组是生产安全应急救援系统一个必不可少的组成部分。目前，国内已有一定数量的国家级的专家组，如国家安全生产专家组，包括综合、能源化工、煤矿、交通运输、建筑机电五个专业组，共90名专家组成，各省、市、自治区也有相应的安全生产专家组。此外，还有全国预防道路交通事故专家、公安部消防局消防安全工程等专家组。这些专家组为组建生产安全应急救援专家组提供了很好的基础。各级企业、地方政府也应该根据各自的特点建立相应的专家咨询支持系统。

第三章
化工企业应急预案编制

第一节　事故应急预案概述

一、应急预案概念

应急预案，又名预防和应急处理预案、应急处理预案、应急计划或应急救援预案，是事先针对可能发生的事故（件）或灾害进行预测，而预先制定的应急与救援行动、降低事故损失的有关救援措施、计划或方案。应急预案实际上是标准化的反应程序，以使应急救援活动能迅速、有序地按照计划和最有效的步骤进行。

应急预案是在辨识和评估潜在的重大危险、事故类型、事故发生的可能性及发生过程、事故后果及影响严重程度的基础上，对应急机构职责、人员、技术、装备、设施（设备）、物资、救援行动及其指挥与协调等方面预先做出的具体安排。应急预案应明确在突发事故发生之前、发生过程中以及刚结束之后，谁负责做什么、何时做以及相应的策略和资源准备等。

应急预案最早就是化工生产企业为预防、预测和应急处理关键生产装置事故、重点生产部位事故、化学泄漏事故而预先制定的对策方案。应急预案有以下三个方面的含义：

1. 事故预防

通过危险辨识、事故后果分析，采用技术和管理手段降低事故发生的可能性且使可能发生的事故控制在局部，防止事故蔓延。

2. 应急处理

万一发生事故（或故障）有应急处理程序和方法，能快速反应处理故障或将事故消除在萌芽状态。

3. 抢险救援

采用预定现场抢险和抢救的方式，控制或减少事故造成的损失。

二、应急预案目的、作用和应用范围

随着化工科学技术的飞速发展，化工企业生产装置的规模越来越大，一旦发生事故，造成的危害也越来越大。有针对性地制定应急预案有利于及时、有效地应对各种事故。

1. 制定应急预案的目的

为了在重大事故发生后能及时予以控制，防止重大事故的蔓延，有效地组织抢险和救助，政府和企业应对已初步认定的危险场所和部位进行重大危险源的评估。对所有被认定的重大危险源，应事先进行重大事故后果定量预测，估计在重大事故发生后的状态、人员伤亡情况及设备破坏和损失程度，以及由于物料的泄漏可能引起的爆炸、火灾、有毒有害物质扩散对单位及周边地区可能造成的危害程度。

依据预测，提前制定重大事故应急预案，组织、培训抢险队伍和配备救助器材，以便在重大事故发生后，能及时按照预定方案进行救援，在短时间内使事故得到有效控制。

制定化学事故应急救援预案的目的是在化学事故发生时，能够有条不紊地按照事先设计好的应急方案处理事故；建立一种应急系统，充分利用一切可能的力量，采取一切有效措施，迅速控制或消灭事故，保护职工和附近居民的健康与安全，将事故对环境和财产造成的损害降至最低。近年来，国内外有关化工企业的燃烧、爆炸、泄漏事故频频发生，事故教训表明，化工企业没有切实可行的应急预案是造成人员伤亡和形势失控的主要原因之一。一些化工企业制定的应急预案存在一定的问题，主要有实施的责任对象不够科学，情况设定考虑单一，应急措施可行性不强，内容过于简单等，这些都直接影响着预案的实用性。

综上所述，制定事故应急预案的主要目的有以下两个：

（1）采取预防措施使事故控制在局部，消除蔓延条件，防止突发性重大或连锁事故发生。

（2）能在事故发生后迅速有效控制和处理事故，尽力减轻事故对人和财产的影响。

2. 应急预案的作用

应急预案在应急系统中起着关键作用，它明确了在突发事件发生之前、发生过程中以及刚刚结束之后，谁负责做什么、何时做及相应的策略和资源准备等。它是针对可能发生的突发环境事件及其影响和后果严重程度，为应急准备和应急响应的各个方面所预先做出的详细安排，是开展及时、有序和有效事故应急救援工作的行动指南。

制定重大事故应急预案是应急救援准备工作的核心内容，是及时、有序、有效地开展应急救援工作的重要保障。应急预案在应急救援中的重要作用和地位体现在以下几个方面。

（1）应急预案确定了应急救援的范围和体系，使应急准备和应急管理不再是无据可依、无章可循。尤其是培训和演练，它们依赖于应急预案：培训可以让应急响应人员熟悉自己的任务，具备完成指定任务所需的相应技能；演练可以检验预案和行动程序，并评估应急人员技能和整体协调性。

（2）制定应急预案有利于做出及时的应急响应，降低事故后果。应急行动对时间要求十分敏感，不允许有任何拖延。应急预案预先明确了应急各方的职责和响应程序，在应急力量、应急资源等方面做了大量准备，可以指导应急救援迅速、高效、有序地开展，将事故的人员伤亡、财产损失和环境破坏降到最低限度。此外，如果预先制定了预案，重大事故发生后必须快速解决的一些应急恢复问题也就很容易解决。

(3) 应急预案成为各类突发重大事故的应急基础。通过制定基本应急预案，可保证应急预案具有足够的灵活性，对那些事先无法预料到的突发事件或事故，也可以起到基本的应急指导作用，成为开展应急救援的"底线"。在此基础上，可以针对特定危害制定专项应急预案，有针对性制定应急措施、进行专项应急准备和演练。

(4) 当发生超过应急能力的重大事故时，便于与上级应急部门的联系和协调。

(5) 有利于提高风险防范意识。预案的制定、评审以及发布和宣传，有利于各方了解可能面临的重大风险及其相应的应急措施，有利于促进各方提高风险防范意识和能力。

3. 应急预案的应用范围

我国每年发生的各类重特大事故为人们敲响了警钟，需要明确应采取哪些相应的措施，预先做好应急预案，能够减少生命和财产的损失，能提高抗灾能力，更快地恢复至正常状态。应该针对哪些紧急情况制定应急预案是必须确认的问题。制定事故应急预案时，除了针对重大危险源以外，对易燃、易爆、有毒的关键生产装置和重点生产部位都要制定应急预案。

主要有以下几个方面需要制定应急预案。

(1) 发生中毒事故的应急预案。

(2) 生产装置区、原料及产品储存区发生毒物（包括中间物料）意外泄漏或事故性溢出时的应急预案。

(3) 危险品运输事故的应急预案。

(4) 发生全厂性和局部性停电时的应急预案。

(5) 发生停水（包括冷却水、冷冻水、消防水以及其他生产用水）时的应急预案。

（6）发生停气（包括工厂空气、仪表空气、惰性气体、蒸汽等）时的应急预案。

（7）生产装置工艺条件失常（包括温度、压力、液位、流量、配比、副反应等）时的应急预案。

（8）易燃、易爆物料大量泄漏时的应急预案。

（9）发生自然灾害时的应急预案主要有以下几点：

1）发生洪水时的应急预案。

2）遭受台风或局部龙卷风等强风暴袭击时的应急预案。

3）高温季节针对危险源的应急预案。

4）寒冷气候条件下（包括发生雪灾、冰冻等）针对危险源的应急预案。

5）发生地震、雷击等其他自然灾害时的应急预案。

（10）发生火灾时的应急预案。

（11）发生爆炸时的应急预案。

（12）发生火灾、爆炸、中毒等综合性事故时的应急预案。

（13）生产装置控制系统发生故障时的应急预案。

（14）其他应急预案。

各单位或组织在制定具体应急预案之前，要根据自身的风险特点，清楚要制定预案的对象及目标，进行相应的预案编制。

三、应急预案层次、分类体系及其基本内容

1. 应急预案的级别

根据可能的事故后果的影响范围、地点及应急方式，我国在建立事故应急救援体系时，将事故应急预案分成 5 种级别，如图 3—1 所示。

（1）Ⅰ级（企业级）

事故的有害影响局限在一个单位（如某个化工厂）的界区之内，并且可被现场的操作者遏制和控制在该区域内。这类事故可能需要

V	国家级	
Ⅳ	省级	
Ⅲ	市/地区级	
Ⅱ	县、市/社区级	
I	企业级	

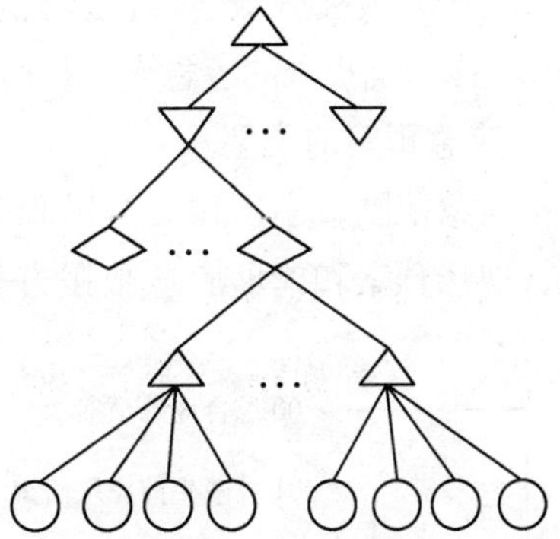

图 3—1 事故应急预案的级别

投入整个单位的力量来控制，但其影响预期不会扩大到社区（公共区）。

（2）Ⅱ级（县、市/社区级）

所涉及的事故及其影响可扩大到公共区（社区），但可被该县（市、区）或社区的力量，加上所涉及的工厂或工业部门的力量所控制。

（3）Ⅲ级（地区/市级）

事故影响范围大，后果严重，或是发生在两个县或县级市管辖区边界上的事故，应急救援需动用地区的力量。

（4）Ⅳ级（省级）

对可能发生的特大火灾、爆炸、毒物泄漏事故，以及属省级特大事故隐患、省级重大危险源应建立省级事故应急反应预案。它可能是一种规模极大的灾难事故，也可能是一种需要用事故发生的城市或地区所没有的特殊技术和设备进行处理的特殊事故。这类意外事故需用全省范围内的力量来控制。

（5）V级（国家级）

对事故后果超过省、直辖市、自治区边界以及列为国家级事故隐患、重大危险源的设施或场所，应制定国家级应急预案。企业一旦发生事故，就应立即实施应急程序，如需上级援助，应同时报告当地县（市）或社区政府事故应急主管部门，根据预测的事故影响程度和范围，需投入的应急人力、物力和财力逐级启动事故应急预案。

2. 应急预案的类型

按对象范围，应急预案可以划分为四种类型：综合预案、专项预案、现场预案和单项应急救援方案。×××应急预案体系图如图3—2所示。

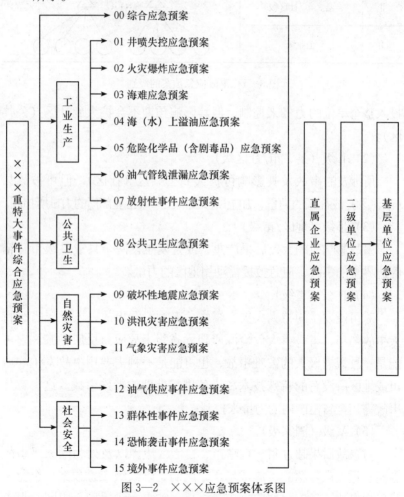

图3—2 ×××应急预案体系图

一般说来，综合预案是总体、全面的预案，以场外指挥与集中指挥为主，侧重在应急救援活动的组织协调。一般大型企业或行业集团下属很多分公司，比较适合编制这类预案，可以做到统一指挥和资源的最大利用。综合应急预案框架如图 3—3 所示。

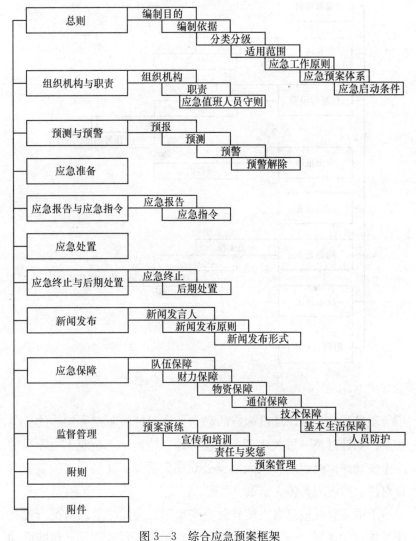

图 3—3 综合应急预案框架

专项预案主要针对某种特有的和具体的事故灾难风险（灾害种类）如重大化工企业事故，采取综合性与专业性的减灾、防灾、救灾和灾后恢复行动。专项应急预案框架如图3—4所示。

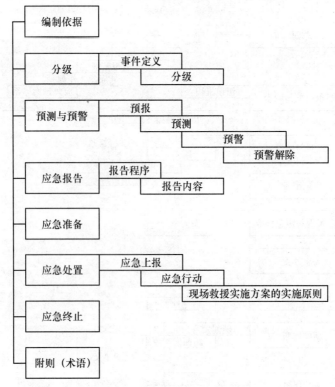

图3—4　专项应急预案框架图

现场预案是以现场设施或活动为具体目标所制定和实施的应急预案，如针对某一重大化工企业危险源、特大化工企业工程项目的施工现场或拟组织的一项大规模公众集聚活动。现场预案编制要有针对性，内容应具体、细致、严密。

单项应急救援方案主要针对一些单项、突发的紧急情况所设计的具体行动计划。一般是针对某些临时性的工程或活动，这些活动不是日常生产过程中的活动，也不是规律性的活动，但这类作业活动由于其临时性或发生的概率很少，对于可能潜在的危机常常被忽视。

3. 应急预案的文件体系及内容

（1）应急预案的文件体系

应急预案要形成完整的文件体系，以使其作用得到充分发挥，成为应急行动的有效工具。一个完整的应急预案是包括总预案、程序、说明书、记录的一个四级文件体系，如图3—5所示。

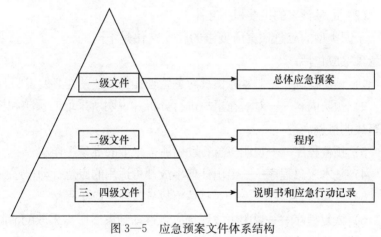

图3—5　应急预案文件体系结构

1）一级文件——总预案。它包含了对紧急情况的管理政策、预案的目标、应急组织和责任等内容。

2）二级文件——程序。它说明某个行动的目的和范围。程序内容十分具体，如该做什么、由谁去做、什么时间和什么地点等。它的目的是为应急行动提供指南，但同时要求程序和格式简洁明了，以确保应急队员在执行应急步骤时不会产生误解。格式可以是文字叙述、流程图表或是两者的组合，应根据每个应急组织的具体情况选用最适合本组织的程序格式。

3）三级文件——说明书。它对程序中的特定任务及某些行动细节进行说明，供应急组织内部人员或其他个人使用，如应急队员职责说明书、应急监测设备使用说明书等。

4）四级文件——对应急行动的记录。包括在应急行动期间所做的通信记录、每一步应急行动的记录等。

从记录到总预案，层层递进，组成了一个完善的预案文件体系。从管理角度而言，可以根据这四类预案文件等级分别进行归类管理，既保持了预案文件的完整性，又因其清晰的条理性便于查阅和调用，保证应急预案能得到有效运用。

（2）应急预案的主要程序文件

不同类型的应急预案所要求的程序文件是不同的，一个完整的应急预案应包括：

1）预案概况——对紧急情况应急管理提供简述并作必要说明。

2）预防内容——对潜在事故进行分析并说明所采取的预防和控制事故的措施。

3）预备程序——说明应急行动前所需采取的准备工作。

4）基本应急程序——给出任何事故都可适用的应急行动程序。

5）专项应急程序——针对具体事故危险性的应急程序。

6）恢复程序——说明事故现场应急行动结束后所需采取的清除和恢复行动。

4. 应急预案的检验

制定重大事故应急预案必须是一个持续的过程，它的结果必须迅速反应现场的新发展、条件的变化以及新的数据、知识、设备和物资的可获得情况。对应急反应系统进行定期检验是很重要的，该系统应清楚表明有效针对意外事故的能力。检验的内容及对象包括：

（1）系统的完整性。

（2）报警系统。

（3）信息的传递速度和质量。

（4）应急反应系统的质量，领导班子与工作队伍。

（5）内部力量（应急队伍）的准备状况和工作效能。

（6）外部机构的合作。

（7）外部人力和物力的提供情况。

（8）实施保护及补救措施的速度。

（9）对事态的连续监测。

（10）应急人员、管理机构及当地指挥中心之间的通信联络。

（11）在特殊条件下认为重要的其他方面问题。

企业和政府主管部门应对定期检验的结果进行认真评价，并将获得的有益经验补充到应急系统中，用于改进和完善应急系统并确保预案的有效实施。

四、应急预案的基本结构及内容

不同的预案由于各自所处的层次和适用范围不同，其内容在详略程度和侧重点上会有所不同，但都可以采用相似的基本结构，即基于应急任务或功能的"1＋4"预案编制结构（见图3—6），也就是一个基本预案加上应急功能要完成的各种应急任务或功能，并明确其责任和有关的应急组织，确保都能完成设置，再加上特殊风险管理、标准操作程序和支持附件。该预案基本结构不仅使预案本身结构清晰，而且保证了各种类型预案之间的协调性和一致性。

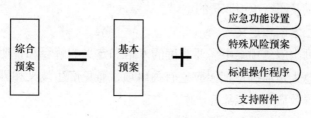

图3—6 预案的基本结构

1. 基本预案

基本预案也称领导预案，是应急反应组织结构和政策方针的综述，还包括应急行动的总体思路和法律依据，指定和确认各部门在应急预案中的责任与行动内容。基本预案是该应急预案的总体描述，主要阐述应急预案所要解决的紧急情况、应急的组织体系、方针、应急资源、应急的总体思路，并明确各应急组织在应急准备和应急行动中的职责以及应急预案的训练、演练和管理等规定。

基本预案可以使政府和企业高层领导能从总体上把握本行政区域或行业系统针对突发事件应急的有关情况，了解应急准备状况，同时也为制定其他应急预案如标准化操作程序、应急功能设置等提供框架和指导。基本预案包括以下 12 项内容。

（1）预案发布令

组织或机构第一负责人应为预案签署发布令，援引国家、地方、上级部门相应法律和规章的规定，宣布应急预案生效。其目的是要明确实施应急预案的合法授权，保证应急预案的权威性。

在预案发布令中，组织或机构第一负责人应表明其对应急管理和应急救援工作的支持，并督促各应急部门完善内部应急响应机制，制定标准操作程序，积极参与培训、演练和预案的编制与更新等。

（2）应急机构署名页

在应急预案中，可以包括各有关内部应急部门和外部机构及其负责人的署名页，表明各应急部门和机构对应急预案编制的参与和认同，以及履行承担职责的承诺。

（3）术语和定义

应列出应急预案中需要明确的术语和定义的解释和说明，以便使各应急人员准确地把握应急有关事项，避免产生歧义和因理解不一致而导致应急时混乱等现象。

（4）相关法律和法规

我国政府近年来相继颁布了一系列法律法规，对突发公共事件、重大环境污染事件、危险化学品、特大安全事故、重大危险源等制定应急预案进行了明确规定和要求，要求县级以上各级人民政府或生产经营单位制定相应的重大事故应急救援预案。

在基本预案中，应列出明确要求制定应急预案的国家、地方及上级部门的法律法规和规定，有关重大事故应急的文件、技术规范和指南性材料及国际公约，作为制定应急预案的根据和指南，以使应急预案更有权威性。

（5）方针与原则

列出应急预案所针对的事故（或紧急情况）类型、适用的范围和救援的任务，以及应急管理和应急救援的方针和指导原则。

方针与原则应体现应急救援的优先原则，如保护人员安全优先，防止和控制事故蔓延优先，保护环境优先。此外，方针与原则还应体现事故损失控制、高效协调以及持续改进的思想，还要符合行业或企业实际。

（6）危险分析与环境综述

列出应急工作所面临的潜在重大危险及后果预测，给出区域的地理、气象、人文等有关环境信息，具体包括以下几方面。

1）事故释放的主要危险物质及环境污染因子的种类、数量及特性。

2）重大危险源的数量及分布。

3）潜在的重大事故、灾害类型、影响区域及后果。

4）重要保护目标的划分与分布情况。

5）可能影响应急救援工作的不利条件。

影响救援的不利条件包括化工生产安全事故发生时间、发生当天的气象条件（温度、湿度、风向、降水）、临时停水、停电、周围环境、邻近区域同时发生事故。

6）季节性的风向、风速、气温、雨量，企业人员分布及周边居民情况。

（7）应急资源

应对应急资源做出相应的管理规定，并列出应急资源装备的总体情况，包括应急力量的组成、应急能力，各种重要应急设施（备）、物资的准备情况，上级救援机构或相邻可用的应急资源。

（8）机构与职责

应列出所有应急部门在化工生产安全事故应急救援中承担职责的负责人。在基本预案中只要描述出主要职责即可，详细的职责及行动在标准化操作程序中会进一步描述。所有部门和人员的职责应覆盖所有的应急功能。

（9）教育、培训与演练

为全面提高应急能力，应对应急人员培训、公众教育、应急和演练进行相应的规定，包括内容、计划、组织与准备、效果评估、要求等。

应急人员的培训内容包括如何识别危险、如何采取必要的应急措施、如何启动紧急警报系统、如何进行事件信息的接报与报告、如何安全疏散人群等。

公众教育的基本内容包括潜在的重大危险、突发事件的性质与应急特点、事故警报与通知的规定、基本防护知识、撤离的组织、方法和程序；在危险区行动时必须遵守的规则；自救与互救的基本常识。

应急演练的具体形式既可以是桌面演练，也可以是实战模拟演练。按演练的规模可以分为单项演练、组合演练和全面演练。

（10）与其他应急预案的关系

列出本预案可能用到的其他应急预案（包括当地政府预案及签订互助协议机构的应急预案），明确本预案与其他应急预案的关系，如本预案与其他预案发生冲突时，应如何解决。

（11）互助协议

列出不同政府组织、政府部门之间、相邻企业之间或专业救援机构等签署的正式互助协议，明确可提供的互助力量（消防、医疗、检测）、物资、设备、技术等。

（12）预案管理

应急预案的管理应明确负责组织应急预案的制定、修改及更新的部门，应急预案的审查和批准程序，预案的发放、应急预案的定期评审和更新。

2. 应急功能设置

应急功能是对在各类重大事故应急救援中通常都要采取的一系列基本的应急行动和任务而编写的计划。它着眼于针对突发事故响应时所要实施的紧急任务。由于应急功能是围绕应急行动的，因此其主要对象是任务执行机构。针对每一应急功能应明确其针对的形势、目标、负责机构和支持机构、任务要求、应急准备和操作程序等。应急预案中包含的功能设置的数量和类型因地方差异会有所不同，主要取决于所针对潜在重大事故危险类型以及应急的组织方式和运行机制等具体情况。

（1）接警与通知

准确了解化工生产安全事故的性质和规模等初始信息是决定启动应急救援的关键，接警作为应急响应的第一步，必须对接警与通知要求做出明确规定。

1）应明确 24 小时报警电话，建立接警和突发事故通报程序。

2）列出所有的通知对象及电话，将突发事故信息及时按对象及电话清单通知。

3）接警人员必须掌握的情况有突发事故发生的时间与地点、种类、强度等基础信息。

4）接警人员在掌握基本情况后，立即通知领导层，报告突发事故情况以及可能的应急响应级别。

5）通知上级机构。

（2）指挥与控制

重大化工企业生产安全事故的应急救援往往涉及多个救援部门和机构，因此，对应急行动的统一指挥和协调是有效开展应急救援的关键。建立统一的应急指挥、协调和决策程序，便于对事故进行初始评估，确认紧急状态，从而迅速有效地进行应急响应决策，建立现场工作区域，指挥和协调现场各救援队伍开展救援行动，合理高效地调配和使用应急资源等。

（3）警报和紧急公告

当事故可能影响事发地周边企业或居民区时，应及时启动警报系统，向公众发出警报，同时通过各种途径向公众发出紧急公告，告知事故性质、对健康的影响、自我保护措施、注意事项等，以保证公众能够及时做出自我防护响应。决定实施疏散时，应通过紧急公告确保公众了解疏散的有关信息，如疏散时间路线、随身携带物、交通工具及目的地等。

（4）通信

通信是应急指挥、协调和与外界联系的重要保障，在现场指挥部、各应急救援部门、机构、新闻媒体、医院、上级政府以及外部救援机构之间，必须建立完善的应急通信网络，在应急救援过程中应始终保持通信网络畅通，并设立备用通信系统。

该应急功能要求：

1）建立应急指挥部、现场指挥、各应急部门、外部应急机构之间的通信方法，说明主要使用的通信系统、通信联络电话等。

2）定期维护通信设备、通信系统和通信联络电话，以确保应急时所使用的通信设备完好和应急号码为最新状态。

3）准备在必要时启动备用通信系统。

（5）事态监测与评估

在应急救援过程中必须对事故的发展势态及影响及时进行动态的监测，建立对事故现场及场外的监测和评估程序。事态监测在应急救援中起着非常重要的决策支持作用，其结果不仅是控制事故现场、制定消防、抢险措施的重要决策依据，也是划分现场工作区域、保障现场应急人员安全、实施公众保护措施的重要依据。即使在现场恢复阶段，也应当对现场和环境进行监测。

在该应急功能中应明确：

1）由谁来负责监测与评估活动。

2）监测仪器设备及现场监测方法的准备。

3）实验室化验及检验支持。

4）监测点的设置及现场工作和报告程序。

监测与评估一般由事故现场指挥和技术负责人或专业环境监测的技术队伍完成，应将监测与评估结果及时传递给应急总指挥，为制定下一步应急方案提供决策依据。

在对危险物质进行监测时，一定要考虑监测人员的安全，到事故影响区域进行检测，监测人员要穿上防护服。

（6）警戒与治安

为保障现场应急救援工作的顺利开展，在事故现场周围建立警戒区域，实施交通管制，维护现场治安秩序是十分必要的。其目的是防止与救援无关人员进入事故现场，保障救援队伍、物资运输和人群疏散等的交通畅通，并避免发生不必要的伤亡。

该项功能的具体职责包括：

1）实施交通管制，对危害区外围的交通路口实施定向、定时封锁，严格控制进出事故现场的人员，避免出现意外的人员伤亡或引起现场的混乱。

2）指挥企业危害区域内人员的撤离、保障车辆的顺利通行。

3）维护撤离区和人员安置区场所的社会治安工作，保卫撤离区内和各封锁路口附近的重要目标和财产安全，打击各种犯罪分子。

4）除上述职责以外，警戒人员还应该协助发出警报、现场紧急疏散、人员清点、传达紧急信息以及事故调查等。

该职责一般由公安部门或企业保安人员负责，由于警戒人员往往是第一个到达现场，因此，对危险物质事故有关知识必须进行培训，并列出警戒人员的个体防护准备。

（7）人群疏散与安全避难

人群疏散是防止人员伤亡扩大的关键，也是最彻底的应急响应。事故的大小、强度、爆发速度、持续时间及后果的严重程度是实施人群疏散时应考虑的一个重要因素，它将决定撤退人群的数量、疏散的可用时间及确保安全的疏散距离。

对人群疏散所做的规定和准备应包括：

1）明确谁有权发布疏散命令。

2）明确需要进行人群疏散的紧急情况和通知疏散的方法。

3）列举有可能需要疏散的位置。

4）对疏散人群数量及疏散时间的估测。

5）对疏散路线的规定。

6）对需要特殊援助的群体的考虑。

在紧急情况下，根据事故的现场情况也可以选择现场安全避难方法。疏散与避难疏散一般由政府组织进行，但企业、社区或政府部门必须事先做好准备，积极与地方政府主管部门合作，保护公众免受紧急事故危害。环保部门利用其在环境监测方面的技术力量，为人员疏散与避难安置地进行风险分析和确认。

（8）医疗与卫生

及时有效的现场急救和转送医院治疗是减少事故现场人员伤亡的关键。在该功能中应明确针对可能发生的重大事故，为现场急救、伤员运送、治疗等所做的准备和安排，或者联络方法，包括：

1）可用的急救资源列表，如急救医院、救护车和急救人员。

2）抢救药品、医疗器械、消毒、解毒药品等的企业内、外来源和供给。

3）建立与上级或当地医疗机构的联系与协调，包括危险化学品应急抢救中心、毒物控制中心等。

4）建立对受伤人员进行分类急救、运送和转送医院的标准操作程序。

5）记录汇总伤亡情况，通过公共信息机构向新闻媒体发布受伤、死亡人数等信息。

6）保障现场急救和医疗人员个人安全的措施。

环保部门储备有大量危险化学品或其他污染因子的特性信息，能够为污染事件的受害人员提供医疗救治的信息支持。

（9）公共关系

突发事故发生后，不可避免地会引起新闻媒体和公众的关注，应将有关事故或事件的信息、影响、救援工作的进展、人员伤亡情况等及时向媒体和公众公布，以消除公众的恐慌心理，避免公众的猜疑和不满。

该应急功能应明确：

1）信息发布审核和批准程序，保证发布信息的统一性，避免出现矛盾信息。

2）指定新闻发言人，适时举行新闻发布会，准确发布事故信息，澄清事故传言。

此项功能的负责人应该定期举办新闻发布会，提供准确信息，避免错误报道。当没有进一步信息时，应该让人们知道事态正在调查，将在下次新闻发布会通知媒体，但尽量不要回避或掩盖事实真相。

（10）应急人员安全

重大事故尤其是涉及危险化学物质生产和使用的重大事故的应急救援工作危险性极大，必须对应急人员自身的安全问题进行周密的考虑，包括安全预防措施、个体防护设备、现场安全监测等，明确紧急撤离应急人员的条件和程序，保证应急人员免受事故的伤害。

应急响应人员自身的安全是重大化工企业生产安全事故应急预案应予以考虑的一个重要因素。在该应急功能中，应明确保护应急人员安全的准备和规定包括：

1）应急队伍或应急人员进入和离开现场的程序，包括指挥人员与应急人员之间的通信方式，及时通知应急救援人员撤离危险区域的方法，以避免应急救援人员承受不必要的伤害。

2）根据事故的性质，确定个体防护等级，合理配备个人防护设备，如配备自持式呼吸器等。此外，在收集到事故现场更多的信息后，应重新评估所需的个体防护设备，以确保正确选配和使用个体防护设备。

3）应急人员消毒设施及程序。

4）对应急人员有关保证自身安全的培训安排，包括紧急情况下正确辨识危险性质与合理选择防护措施的能力培训，正确使用个体防护设备等。

（11）消防及抢险

消防与抢险在重大事故应急救援中对控制事态的发展起着决定性的作用，承担着火灾扑救、救人、破拆、重要物资转移与疏散等重要职责。该应急功能应明确：

1）消防、事故责任部门等的职责与任务。

2）消防与抢险的指挥与协调。

3）消防及抢险力量情况。

4）可能的重大事故地点的供水及灭火系统情况。

5）针对事故的性质，拟采取的扑救和抢险对策和方案。

6）消防车、供水方案或灭火剂的准备。

7）破拆、起重（吊）、推土等大型设备的准备。

8）搜寻和营救人员的行动措施。

搜寻和营救行动通常由消防队执行，如果人员受伤、失踪或困在建筑物中，就需要启动搜寻和营救行动。

（12）现场处置

在化工企业生产安全事故中，危险物质泄漏控制及现场处置工作对防止环境污染，保障现场安全，防止事故影响扩大都是至关重要的。泄漏物控制包括泄漏物的围堵、收容和洗消去污。

在泄漏物控制过程中，始终应坚持"救人第一"的指导思想，积极抢救事故区受伤人员，疏散受威胁的周围人员至安全地点，将受伤人员送往医疗机构。

应急总指挥在处置过程中要始终掌握事故现场的情况，及时调整力量，组织轮换。在可能发生重大突变情况时，应急总指挥要果断做出强攻或转移撤离的决定，以避免更大的伤亡和损失。

（13）现场恢复

现场恢复是指将事故现场恢复到相对稳定、安全的基本状态。

只有在所有火灾扑灭、没有点燃危险存在、所有气体泄漏物质已经被隔离和剩余气体被驱散、环境污染物被消除，满足规定的条件时，应急总指挥才可以宣布结束应急状态。

当应急结束后，应急总指挥应该委派恢复人员进入事故现场，清理重大破坏设施，恢复被损坏的设备和设施，清理环境污染物处置后的残余等。

在应急结束后，事故区域还可能存在危险，如残留有毒物质、可燃物继续爆炸、建筑物结构由于受到冲击而倒塌等。因此，还应对事故及受影响区域进行检测，以确保恢复期间的安全。环保监测部门的监测人员应该确定受破坏区域的污染程度或危险性。如果此区域可能给相关人员带来危险，安全人员要采取一定的安全措施，包括发放个人防护设备、通知所有进入人员有关受破坏区的安全限制等。

恢复工作人员应该用彩带或其他设施将被隔离的事故现场区域围成警戒区。公安部门或保安人员应防止无关人员入内，还要通知保安人员如何应对管理部门的检查。

事故调查主要集中在事故如何发生及为何发生等方面。事故调查的目的是找出操作程序、工作环境或安全管理中需要改进的地方，评估事故造成的损失或环境危害等，以避免事故再次发生。一般情况下，需要成立事故调查组。

3. 特殊风险管理

特殊风险是指根据各类事故灾难、灾害的特征，需要对其应急功能做出针对性安排的风险。应急管理部门应考虑当地地理、社会环境和经济发展等因素影响，根据其可能面临的潜在风险类型，说明处置此类风险应该设置的专有应急功能或有关应急功能所需的特殊要求，明确这些应急功能的责任部门、支持部门、有限介入部门以及它们的职责和任务，为该类风险的专项预案制定提出特殊要求和指导。

特殊风险管理是主要针对具体突发和后果严重的特殊危险事故或突发事件及特殊条件下的事故应急响应而制定的指导程序。特殊风险管理具体内容根据不同事故或事件情况设定，通常包括基本应急程序的行动内容，还应包括特殊事故或事件的特殊应急行动，它是前两部分的重要补充。

特殊风险分预案是在公共安全风险评价的基础上，进行可信不利场景的危险分析，提出其中若干类不可接受风险。根据风险的特点，针对每一特殊风险中的应急活动，分别划分相关部门的主要负责、协助支持和有限介入三类具体的职责。不同企业和不同行业的风险不同，事故类型也不同，应针对其不同的特殊风险水平来制定相应的特殊风险管理内容。

4. 标准操作程序

由于基本预案、应急功能设置并不说明各项应急功能的实施细节，各应急功能的主要责任部门必须组织制定相应的标准操作程序，为应急组织或个人提供履行应急预案中规定职责和任务的详细指导。标准操作程序应保证与应急预案的协调性和一致性，其中重要的标准操作程序可作为应急预案附件或以适当方式引用。

标准操作程序（Standard Operation Procedures, SOPs）是对"基本预案"的具体扩充，说明各项应急功能的实施细节，其程序中的应急功能与"应急功能设置"部分协调一致，其应急任务符合

"特殊风险管理"的内容和要求，并对"特殊风险"的应急流程和管理进一步细化。同时，SOPs 内涉及的一些具体技术资料信息等可以在"支持附件"部分查找，以供参考。由此可见，应急预案的以上各部分相互联系、相互作用、相互补充，构成了一个有机整体。SOPs 是城市或企业的综合预案中不可缺少的最具可操作性的部分，是应急活动不同阶段如何具体实施的关键指导文件。

应急标准化操作程序主要是针对每一个应急活动执行部门，在进行某几项或某一项具体应急活动时所规定的操作标准。这种操作标准包括一个操作指令检查表和对检查表的说明，一旦应急预案启动，相关人员可按照操作指令检查表，逐项落实行动。应急标准化操作程序是编制应急预案中最重要和最具可操作性的文件，回答的是在应急活动中谁来做、如何做和怎样做的一系列问题。突发事故的应急活动需要多个部门参加，应急活动由多种功能组成，所以每一个部门或功能在应急响应中的行动和具体执行的步骤要有一个程序来指导。事故发生是千变万化的，会出现不同的情况，但应急的程序有一定规律，标准化的内容和格式可保证在错综复杂的事故中不会造成混乱。一些成功的救援多是因为制定了有效的应急预案，才使事故发生时可以做到迅速报警，通信系统及时地传达有效信息，各个应急响应部门职责明确，分工清晰，做到忙而不乱，在复杂的救援活动中井然有序。

标准中应明确应急功能、应急活动中的各自职责，明确具体负责部门和负责人。还应明确在应急活动中具体的活动内容，具体的操作步骤，并应按照不同的应急活动过程来描述。

应急标准操作程序的目的和作用决定了 SOPs 的基本要求。一般说来，作为一个 SOPs 其基本要求如下。

(1) 可操作性

SOPs 就是为应急组织或人员提供详细、具体的应急指导，必须具有可操作性。SOPs 应明确标准操作程序的目的、执行任务的主体、时间、地点、具体的应急行动、行动步骤和行动标准等，使应急组织或个人参照 SOPs 都可以有效、高速地开展应急工作，而不会因受到紧急情况的干扰导致手足无措，甚至出现错误的行为。

（2）协调一致性

在应急救援过程中会有不同的应急组织或应急人员参与，并承担不同的应急职责和任务，开展各自的应急行动，因此，SOPs 在应急功能、应急职责及与其他人员配合方面，必须要考虑相互之间的接口，应与基本预案的要求、应急功能设置的规定、特殊风险预案的应急内容、支持附件提供的信息资料以及其他 SOPs 协调一致，不应该有矛盾或逻辑错误。如果应急活动可能扩展到外部，在相关 SOPs 中应留有与外部应急救援组织机构的接口。

（3）针对性

应急救援活动由于突发事件发生的种类、地点和环境、时间、事故演变过程的差异而呈现出复杂性，SOPs 是依据特殊风险管理部分对特殊风险的状况描述和管理要求，结合应急组织或个人的应急职责和任务而编制相应的程序。每个 SOPs 必须紧紧围绕各程序中应急主体的应急功能和任务来描述应急行动的具体实施内容和步骤，要有针对性。

（4）连续性

应急救援活动包括应急准备、初期响应、应急扩大、应急恢复等阶段，是连续的过程。为了指导应急组织或人员能在整个应急过程中发挥其应急作用，SOPs 必须具有连续性。同时，随着事态的发展，参与应急的组织和人员会发生较大变化，因此，还应注意 SOPs 中应急功能的连续性。

（5）层次性

SOPs 可以结合应急组织的组织机构和应急职能的设置，分成不同的应急层次。如针对某公司可以有部门级应急标准操作程序、班组级应急标准操作程序，甚至到个人的应急标准操作程序。

5. 支持附件

支持附件主要包括应急救援的有关支持保障系统的描述及有关的附图表。

应急活动的各个过程中的任务实施都要依靠支持附件的配合和支持。这部分内容最全面，是应急的支持体系。支持附件的内容很广泛，一般包括：

（1）组织机构附件。

（2）法律法规附件。

（3）通信联络附件。

（4）信息资料数据库。

（5）技术支持附件。

（6）协议附件。

（7）通报方式附件。

（8）重大环境污染事故处置措施附件。

五、化工企业事故应急救援预案组成

化工企业事故应急救援预案主要包括以下几个部分。

1. 企业概况

（1）企业的投产时间

企业建立以及投产时间，各重大危险源和装置投产或进行技改、大修时间详细列表。

（2）企业基本情况

企业的地理位置、组织机构、人员构成、生产能力等。

（3）重大危险源或事故隐患

根据危险辨识和风险评价的结果，确定本企业的危险工艺单元、重大危险源、危险化学品数目及其安全技术说明书和安全标签。

（4）救援力量

厂内消防、救护、防化、保卫等部门的人员、车辆情况，厂外消防、急救等部门的情况，地区应急救援指挥机构的联系人和联系方式等。

2. 应急救援系统

事故发生时，能否对事故做出迅速有力的反应，直接取决于应急救援系统的组成是否合理。所以，预案中必须对应急救援系统精心组织，划清责任，落实到人。应急救援系统主要由应急救援领导小组和应急救援专业队伍组成。

应急救援领导小组设企业应急总指挥，小组成员应包括具备完成某项任务的能力、职责、权力及资源的厂内安全、生产、设备、保卫、医疗、环境等部门负责人，还应包括具备或可以获取有关社会、生产装置、储运系统、应急救援专门知识的技术人员。小组成员直接领导各下属应急救援专业队，并向总指挥负责，由总指挥统一协调部署各专业队的职能和工作。

应急救援专业队是事故发生后，接到命令即能火速赶往事故现场，执行应急救援行动中特定任务的专业队伍。按任务可划分如下：

通信队：确保各专业队与总调度室和领导小组之间通信的畅通，通过通信指挥各专业队执行应急救援行动。

治安队：维持厂区治安，按事故的发展态势有计划地疏散人员，控制事故区域人员、车辆的进出。

消防队：对火灾、泄漏事故，利用专业器材完成灭火、堵漏等任务，并对其他具有泄漏、火灾、爆炸等潜在危险点进行监控和保护，有效实施应急救援、处理措施，防止事故扩大，造成二次事故。

抢险抢修队：该队成员要对事故现场、地形、设备、工艺熟悉，在具有防护措施的前提下，必要时深入事故发生中心区域，关闭系统，抢修设备，防止事故扩大，降低事故损失，抑制危害范围的扩大。

医疗救护队：对受害人员实施医疗救护、转移等活动。

运输队：负责急救行动中人员、器材、物质的运输。

防化队：在有毒物质泄漏或火灾中产生有毒烟气的事故中，侦查、核实、控制事故区域的边界和范围，并掌握其变化情况；或与医疗救护队相互配合，混合编组，在事故中心区域分片履行救护任务。

监测站：迅速检测所送样品，确定毒物种类，包括有毒物的分解产物、有毒杂质等，为中毒人员的急救、事故现场的应急处理方案以及染毒的水、食物和土壤的处理提供依据。

物资供应站：为急救行动提供物质保证，包括应急抢险器材、救援防护器材、监测分析器材和指挥通信器材等。

由于在应急救援中各专业队的任务量不同，且事故类型不同，各专业队任务量所占比重也不同，所以应根据各自企业的危险源特征，合理分配各专业队的力量。应该把主要力量放在人员的救护和事故的应急处理上。

3. 应急行动

（1）报警

发现灾情后，应立即向生产总调度值班室、电话总机或消防队报警，要求提供准确、简明的事故现场信息，并提供报警人的联系方式。企业发生化学事故很重要的是前期扑救工作，应积极采取停车、启动安全保护、组织人员疏散等措施。

（2）接警和通达

总调度或消防队值班室接到报警后，应首先报告应急救援领导小组，报告内容包括事故发生的时间和地点，事故类型如火灾、爆炸、泄漏（暂态、连续），是否剧毒品，估计造成事故的物质。领导小组全面启动事故处理程序，通知各专业队迅速赶赴现场，实施应急救援行动。然后向上级应急指挥部门报告，根据事故的级别判断是否需要启动区域级应急救援预案。

（3）现场抢险

1）根据事故现场的情况，确定警戒区域范围，并维持相关区域的秩序，控制人员和车辆进出通道。

2）进行事故现场侦查并取样，送监测站确定毒物种类。

3）对现场受伤人员进行营救、寻找，并转移至安全区，由医疗救护队负责对受伤人员进行抢救、护理。

4）组织抢险队伍，控制泄漏源，确定灭火介质，进行事故扑救，监控和保护周边具有火灾、爆炸性质的危险点，防止二次事故发生。

5）通过信号、广播组织、引导群众进行疏散、自救。

6）密切关注事故发展和蔓延情况，如事故呈现扩大趋势，应及时向上一级应急指挥中心报告，启动区域性应急救援预案，组织区域性应急救援力量参与抢险、救援行动。

4. 条件保障

提供充足的通信器材、救援器材、防护器材、药品、应急电力和照明等器材保障；明确经费来源，确保应急救援所需费用；建立完善的应急值班、检查、评比制度等。

5. 事故后的洗消、恢复和重新进入

从应急救援行动到洗消和恢复需要编制专门程序，主要根据事故类型和损坏的严重程度，具体问题具体解决，主要考虑以下内容：组织重新进入人员、调查损坏区域、宣布紧急状态结束、开始对事故原因进行调查，并评价事故损失，组织力量进行污染区的洗消、恢复。

六、预案编制的准备和基本要求

1. 预案编制的准备

（1）成立预案编制小组

企业应组织安全、环保、生产、设备、医护等相关部门的技术人员组成编制小组。小组成员最好包括来自地方政府相关部门的代表，以保证企业事故应急救援预案与区域性化学事故应急救援预案的一致性，实现当事故扩大或波及厂外时，与区域性应急救援预案实现有效衔接。

（2）相关资料收集

相关资料包括适用的法律、法规和标准，企业的化学品普查，企业事故档案，国内外同类企业的事故资料，相关企业的应急预案。

（3）企业应急资源

在紧急情况下，企业所具有的包括人力、设备和供应等方面的应急资源，如全职和兼职的应急人员、消防供水系统、个体防护设备、毒物检测设备、医疗救生设备、交通设备、通信设备等。

（4）当地的气象、地理、环境、周边人口分布情况以及当地可动用的社会应急资源。

2. 预案编制的基本要求

制定应急预案是为了发生化工企业生产安全事故或紧急情况时，能以最快的速度发挥最大的效能，有序地实施响应和救援，达到尽快控制事态发展，降低事故造成的危害，减少事故损失的目的。

应急预案的基本要求为：

（1）科学性

化工企业生产安全事故的应急工作是一项科学性很强的工作，制定预案必须以科学的态度，在全面调查研究的基础上，实行领导与专家相结合的方式，开展科学分析和论证，制定出严密、统一、完整的应急反应方案，使预案真正具有科学性。

（2）实用性

应急预案应符合化工企业生产安全事故企业现场和当地的客观情况，具有适用性、实用性和针对性，便于现实操作，以准确、迅速控制事故。

（3）权威性

救援工作是一项紧急状态下的应急性工作，所制定的应急救援预案应明确救援工作的管理体系、救援行动的组织指挥权限和各级救援组织的职责和任务等一系列的行政性管理规定，保证救援工作的统一指挥。应急救援预案还应经上级部门批准后才能实施，保证预案具有一定的权威性和法律保障。

此外，应急预案的编制还有以下具体要求：

（1）分级、分类制定应急预案内容。

（2）上一级应急预案的编制应以下一级应急预案为基础，做好预案之间的衔接。

（3）结合实际情况，确定应急预案内容。

第二节 应急预案的体系框架和核心要素

按照系统论的思想，应急救援预案是一个开放、复杂和庞大的系统，应急预案的设计和组织实施应遵循体系要素构成和持续改进的指导思想。应急预案体系可以由 6 个一级和 20 个二级的核心要素构成。应急救援预案体系框架及核心要素见表 3—1。

1. 方针与原则

应急救援的根本目的必须贯彻以人为本、救死扶伤的理念。组织实施应急救援活动的基本原则应是集中管理、统一指挥、规范运行、标准操作、反应迅速和救援高效。

2. 应急策划

策划是制定应急预案的技术基础。它包括风险评价、资源分析和法律法规要求 3 个二级要素。

（1）应急预案中的风险评价：主要是针对可能导致重大人身伤亡和财产损失及产生严重社会影响的重大事故灾害风险。对易燃易爆、有毒有害的重大风险列出清单，逐一评估；对一些事故发生概率较低，但预期后果特别严重的重大风险应进行定量化风险评价（QRA）。

表 3—1　　　　　应急救援预案体系框架及核心要素

级号	要素内容	级号	要素内容
1	方针与原则	4.1	现场指挥与控制
2	应急策划	4.2	预警与通知
2.1	风险评价	4.3	警报系统与紧急通告
2.2	资源分析	4.4	通信
2.3	法律法规要求	4.5	事态监测
3	应急准备	4.6	人员疏散与安置
3.1	机构与职责	4.7	警戒与治安
3.2	应急设备、设施与物资	4.8	医疗与卫生服务
3.3	应急人员培训	4.9	应急人员安全
3.4	预案演练	4.10	公共关系
3.5	公众教育	4.11	资源管理
3.6	互助协议	5	现场恢复
4	应急响应	6	预案管理与评审改进

（2）资源分析：应首先根据应急救援活动需要资源的类型（人力、装备、资金和供应）和规模（要标明具体数量），其次是调查清楚现有资源概况和尚欠缺的资源种类和数量，然后提出资源补充、合理利用和资源集成整合的建议方案。

（3）应明确国家、政府和行业法律法规要求：掌握关于应急方面的法律法规中适用于组织或企业的部分，遵守相应的法规。尤其应关注一些和应急救援活动密切相关的法规、标准的规定。

3. **应急准备**

应急准备包括机构与职责、应急设备设施与物资、应急人员培训、预案演练、公众教育和互助协议6个二级要素。

（1）应急指挥机构与职责：应明确分为场内与场外两类应急指挥中心（EOC）。前者的职责主要是整个应急救援活动的组织协调、资源调配和扩大应急救援活动的指挥，而后者要直接承担起现场的控制灾害、救护人员和工程抢险等具体实效的救援任务。

（2）应急设备、设施与物资包括基本物质和专用设备和经费支持。这些内容都要建立标准化操作程序（SOPs）。

（3）应急人员培训：其核心是制订一个行之有效的培训计划。培训的重点对象和目标是提高各类应急救援人员的素质和能力。

（4）应急救援预案演练：其目标是检验其应急行动与预案的符合性、应急预案的有效性和缺陷，以及对于应急能力水平的评估。

（5）公众教育的目标是提高全体公众应急意识和能力。

（6）互助协议主要是对紧急时刻需要协助的机构与组织要建立的联系，这种联系是通过事先签订互助协议的方式实现的。

4. 应急响应

应急响应是应急预案中核心的内容，它包括现场指挥与控制等11个二级要素。

（1）现场指挥与控制：要以事故发生后确保公众安全为主要目标。按照应急预案的响应程序（SOPs）指挥、协调救援行动、合理使用应急资源，迅速使事故得到有效控制。

（2）预警与通知是应急救援迅速启动的关键。接到报警后的初步分析可以筛选掉不正确的信息，落实事故的地点、时间、类型、范围，初步分析事故趋势。

（3）警报系统与紧急通告：事故被确认后立即通报政府应急主管部门和相应的应急指挥中心，及时向公众和各类救援人员发出事故应急警报，建立通信程序。

（4）通信：确保报警和通信器材完好，并能合理和正确使用报警和通信器材。保持信息渠道24小时畅通。

（5）事态监测：应急救援的事态监测包括监测组织对大气、土壤、水和食物等样品采集和被污染状况测定以及对风险的全面评估，监测和分析事故造成的危害性质及程度，以便升高或降低应急警报级别及采取相应对策评估。

(6) 人员疏散与安置：应使所有公众熟悉报警系统、集合点、逃生线路、避难所及总体疏散程序，准确地估计事故影响范围、人员影响区域以便组织疏散、撤离，积极搜寻、营救受伤及受困、失踪人员，建立现场毒物泄漏时人员的避难所；疏散区域、距离、路线、运输工具及回迁程序，临时生活的保障等。

(7) 警戒与治安是为保障现场救援工作顺利开展。救援现场要设定警戒线（区域），执行事故现场警戒和交通管制程序，保障救援队伍、物资供应、人员疏散的交通畅通和事故发生前后的警戒开始与撤销的批准程序。

(8) 应急救援中的医疗与卫生服务：事先由专业和接受过急救和心脏恢复培训的人员组成医疗救援小组，在当地卫生部门的配合下，及时提供应急需要的医疗设备和急救药品。

(9) 应急救援行动的原则应是优先确保公众和应急救援人员的安全，严禁冒险指挥，防止造成次生灾害。

(10) 公共关系：在重大事故中应明确应急过程中的媒体及公众发言人，协调外部机构，及时与各部门联系并进行相关社会服务。

(11) 当事故得到有效控制，危害性已经降到标准范围内，社会影响已经消减到可控制范围内，由应急总指挥宣布应急工作结束。

5. 现场恢复

应建立应急关闭程序。例如，确认事故得到有效控制程序，下降警戒级别、撤出救援力量和宣布取消应急的程序，对于现场清理和受影响区域的连续监测程序，对于受灾的从业人员提供帮助和进入恢复正常状态的程序等，以及对于破坏损失的评估程序，进行事故调查和后果评价及重建的程序等。

6. 预案管理与评审改进

建立应急预案的编写、审核、批准、发放、修改、检测和更新等程序，并通过预案演练和能力评估对预案实现持续改进。

第三节 应急预案编制的方法与步骤

一、应急预案编制的步骤

应急预案的目标是提高整体应急能力，编写预案的原则：写要做的；按照写的来做；做所写的和写上的要做到。

应急预案的具体编制过程包括以下 6 个基本的步骤，如图 3—7 所示。

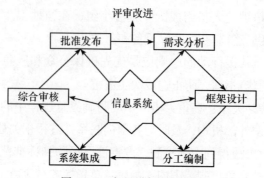

图 3—7 应急预案编制步骤

第一步需求分析，对现有应急计划和应急救援工作有关资料进行汇总分析。充分应用已有危害辨识和风险评价的结果，包括重大危险源识别、脆弱性分析和重大事故灾害风险分析等。应急救援能力评估和应急资源整合分析，包括人力、装备、物质和财政资源；对曾发生事故灾害应急救援案例做回顾性分析。

第二步框架设计，包括提出预案整体框架设计和各级文件目录清单。文件框架中应包括应急预案要素的所有内容，包括现有的文件、将要起草的文件以及它们之间的联系等。

第三步分工编制，是编写应急预案文件的重要实际步骤。应组成编制小组，落实各成员职责。小组成员应由各方面的专家和专业人员组成，按框架设计和文件明确编制任务。明确各阶段的目标和完成期限，并经常监督检查进度和完成情况。

第四步系统集成，主要任务有两项：一是把编写整理出的各类文件集成为一个统一有机的系统；二是检查评估各级文件与同级程序中的互相交叉、重复和遗漏、失误等。

第五步综合审核，侧重于对框架文件的技术内容科学性、应急救援活动的可行性、行政管理需要的协调性以及应急救援组织适应性等进行严格审核评估等。涉及专业技术内容的应聘请有关专家来评价和审定。

最后是批准发布，应明确具有批准发布权的部门及人员，发布的范围、时间、人员，发布的时效性等。一般由立法机构或政府以法规形式颁布，由当地最高行政长官签署发布实施。

编写应急预案文本文件，仅仅是应急预案的第一步，其有效性必须经过评估和演练才能得以检验并不断持续改进。

二、应急预案编制过程

1. 成立预案编制小组

应急预案的成功编制需要有关职能部门和团体的积极参与，并达成一致意见，尤其是应寻求与危险直接相关的各方进行合作。成立预案编制小组是将各有关职能部门、各类专业技术有效结合起来的最佳方式，可有效地保证应急预案的准确性和完整性，而且为应急各方提供了一个非常重要的协作与交流机会，有利于统一应急各方的不同观点和意见。

应急预案编制小组的规模取决于应急预案的适用领域和涉及范围等情况。成立编制小组原则如下。

（1）部门参与

应鼓励更多的人投入编制过程，尤其是一些与应急相关的部门，因为编制的过程本身是一个磨合和熟悉各自活动、明确各自责任的过程。编制本身也是最好的培训过程。

（2）时间和经费

时间和必要的经费应有保证，使参与人员能投入更多的时间和精力。应急预案是一个复杂的工程，从危险分析、评价，脆弱性分析、资源分析，到法律法规要求的符合性分析，从现场的应急过程到防护能力及演练，如果没有充足的时间保证，难以保证预案的编制质量。

（3）交流与沟通

各部门必须及时沟通，互通信息，提高编制过程的透明度和水平。在编制过程中，经常会遇到一些问题，或是职责不明确，或是功能不全，有些在编制过程中由于不能及时沟通，导致出现功能和职责的重复、交叉或不明确等现象。

（4）专家系统支持

应急预案涉及多个领域的内容，预案的编写不仅是一个文件化的过程，更重要的是它依据的是客观和科学的实际情况对事故或事件进行评价。编制一个与之相适应的应急响应能力的预案，预案的科学性、严谨性和可行性都是非常强的，只有对这些领域的情况有深入的了解才能写出有针对性的内容。

对于企业来讲，这个专家系统既可以利用外部的资源，也可充分发挥本企业的资源，如企业的设备管理操作人员、工程技术人员、设计人员等，在预案的编制过程中可以起到至关重要的作用。有时因企业的风险水平较高，或在进行安全评价中技术的要求难度较大，也可聘请一些专业的应急咨询机构和评价人员帮助开展其中的一些工作。

对于政府部门，在应对突发事件过程中，专家咨询也是一个不可或缺的环节，对突发环境事件的事态评估、监测环境、污染物的控制与消除方法等起到决策与咨询作用。因此，建立专家信息库，分类指导应急准备工作，正确评估事故时的事态进展，并科学指导抢险和救援工作是十分必要的。

（5）编制小组人员要求

编制小组人员应有一定的专业知识，有团队精神，有社会责任感。另外，应具有不同部门的代表性及公正性。

一定要明确参与具体编制的小组成员和专家系统以及其他相关人员。在大多数情况下，可能该预案编制小组只有一两个人要承担大量的工作，负责具体的文字编写和组织工作。其他部门参与人员是非固定的，可各自负责需要编写的部分。编制过程应有一定时间集中讨论。编制小组应得到各相关功能部门的人员参与和保证，并应得到高层管理者的授权和认可。应以书面的形式或以企业下发文件的形式，明确指定各部门的参加人员，并得到本部门的认可。

（6）人员构成

针对企业应有以下部门人员参与：高层管理者，各级管理人员，财务部门，消防、保卫部门，各岗位工人，人力资源部，工程与维护部，安全健康与环境事务部，安全主管，对外联系部门（如办公室等），后勤与采购部，医疗部门以及其他人员。政府部门在应急预案编制过程中也应将突发事件应急功能和相关职能部门人员纳入预案编制小组之中。

2. 授权、任务及进度

（1）应急管理承诺

明确应急管理的各项承诺；通过授权应急编制小组采取编制计划所需的措施，以形成团队精神。该小组应由最高管理者或者主要管理者直接领导。

小组成员和小组领导之间的权力应予以明确，但应保持充分的交流机会，保持必要的沟通。

（2）发布任务书

最高管理者或主要管理者应发布任务书，来明确对应急管理所做出的承诺。这些声明如下：

1）确定编制应急预案的目的，指明将涉及的范围（包括整个组织）。

2）确定应急预案编制小组的权力和结构。

（3）时间进度和预算

要明确确定工作时间进度表和预案编制的最终期限。明确任务的优先顺序，情况发生变化时可以对时间进度进行修改。

3. 危险分析和应急能力评估

（1）初始评估

应急方应根据实际情况，通过实施初始评估，掌握现有的应急能力、可能发生的危险和突发事件紧急情况的有关信息，并对目前在处理紧急事件时的基本能力进行评估。初始评估工作应由应急编制小组中的专业人员进行，并与相关部门及重要岗位工作人员交流。

（2）危险分析

危险分析是应急预案编制的基础和关键过程。危险分析的结果不仅有助于确定需要重点考虑的危险，提供划分预案编制优先级别的依据，而且也为应急预案的编制、应急准备和应急响应提供必要的信息和资料。

危险分析包括危险识别、脆弱性分析和风险分析。

危险识别的目的是将可能存在的重大危险因素识别出来，作为下一步风险分析的对象。

脆弱性分析要确定一旦发生危险事故，哪些地方容易受到破坏。

风险分析是根据危险识别和脆弱性分析的结果，评估事故或灾害发生时造成破坏（或伤害）的可能性，以及可能导致的实际破坏（或伤害）程度，通常可能会选择对最坏的情况进行分析。

（3）应急能力评估

依据危险分析的结果，对已有的应急资源和应急能力进行评估，包括城市应急资源的评估和企业应急资源的评估，明确应急救援的需求和不足。应急资源包括应急人员、应急设施（备）、装备和物资等；应急能力包括人员的技术、经验和接受的培训等。应急资源和能力将直接影响应急行动的速度和有效性。

制定预案时应当在评价与潜在危险相适应的应急资源和能力的基础上，选择最现实、最有效的应急策略。

4. 编制应急预案

应急预案的编制必须基于重大事故风险分析结果、应急资源的需求和现状以及有关的法律法规要求。此外，编制预案时应充分收集和参阅已有的应急预案，尽可能地减小工作量和避免应急预案重复和交叉，并确保与其他相关应急预案保持协调和一致。

编写过程如下：

（1）确定目标和行动的优先顺序。

（2）确定具体的目标和重要事项，列出完成任务的清单、工作人员清单和时间表。明确脆弱性分析中发现的问题和资源不足的解决方法。

（3）编写计划

分配计划编制小组每个成员相应的编写内容，确定最合适的格式。明确具体目标的时间期限，同时保证为完成任务提供足够和必要的时间。

（4）制定时间进度表。时间进度表示例见表3—2。

5. 应急预案的评审与修订

（1）应急预案的评审

为确保应急预案的科学性、合理性以及与实际情况的符合性，预案编制单位或管理部门应依据我国有关应急的方针、政策、法律、法规、规章、标准和其他有关应急预案编制的指南性文件与评审检查表，组织开展预案评审工作，取得政府有关部门和应急机构的认可。

表 3—2 时间进度表示例

月份	1	2	3	4	5	6	7	8	9	10	11	12
第一稿	▨	▨	▨									
评审				▨	▨							
第二稿						▨	▨					
桌面演练								▨	▨			
最终稿										▨		
印刷											▨	
发布												▨

（2）预案的修改和修订

为不断完善和改进应急预案并保持预案的时效性，应就下述情况对应急预案进行定期和不定期的修改或修订。

1）日常应急管理中发现的预案的缺陷。

2）训练或演练过程中发现的预案的缺陷。

3）实际应急过程中发现的预案的缺陷。

4）组织机构发生变化。

5）人员及通信方式发生变化。

6）有关法律、法规、标准发生变化。

7）其他情况。

应规定组织预案修改、修订的负责部门和工作程序。修改预案时，填写预案更改通知单，见表 3—3。经审核、批准后备案存档，并根据预案发放登记表，发放预案更改通知单复印件至各部门，以更新预案。

当预案更改的内容变化较大、累计修改处较多，或已达到预案修订期限，则应对预案进行重新修订。预案的修订过程应采取与预案编制相同的过程，包括从成立预案编制小组到预案的评审、批准和实施全过程。预案经修订重新发布后，应按原预案发放登记表，

表 3—3　　　　　　　　　预案更改通知单示例

更改通知单编号							
更改文件名称					文件编号		
序号	更改页码	更改位置	序号	更改页码		更改位置	

原内容：

更改为：

提出部门		编制人签字及日期	
审核人签字及日期		批准人签字及日期	
分发记录							
序号	接收部门	日期	签收人	序号	接收部门	日期	签收人

收回旧版本预案，发放新版本预案并进行登记。

6. 应急预案的发布与实施

（1）应急预案的发布

重大事故应急预案经评审通过后，应由最高行政负责人签署发布，并报送有关部门和应急机构备案，并建立发放登记表，记录发放日期、发放份数、文件登记号、接收部门、接收日期、签收人等有关信息，见表 3—4。向社会或媒体分发用于宣传教育的预案可不包括有关标准操作程序、内部通信簿等不便公开的专业、关键或敏感信息。

表 3—4   预案发放登记表示例

序号	发放日期	份数	编号	接收部门	接收日期	签收人	备注

（2）应急预案的实施

实施应急预案是应急管理工作的重要环节，主要包括应急预案宣传、教育和培训，应急资源的定期检查落实，应急演练和训练，应急预案的实践，应急预案的电子化及事故回顾等。

整个应急预案的编制流程如图 3—8 所示。

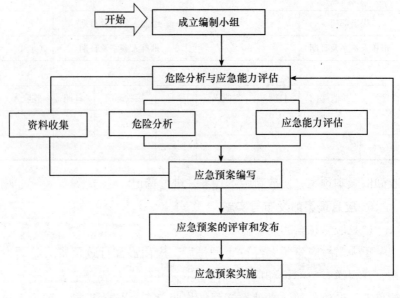

图 3—8 应急预案编制流程

三、应急预案编制的注意事项

从消防角度来说，应急救援预案可包含以下几方面。

1. 方位图

方位图应含距本单位外墙 300～500 米范围内的有关毗邻建筑地形地物、道路、水源等情况，若有可能，也可对厂址的工程地质、地形、自然灾害、周围环境、气象条件、交通运输等进行分析，并在图上简单加以体现。

2. 总平面图

总平面图要体现功能分区的布置，如生产、管理、辅助生活区；高温、有害物质、易燃易爆危险品设施布置，数量较大的危险品品名、储量、位置；常年主导风向、运输路线及码头、厂区内外道路、铁路、危险品装卸区、厂区码头等。建议用不同的颜色标明不同的危险区域，并注明单位内外消火栓的流量和压力、主要消防设施。

3. 单位基本概况

除常规的单位名称、地址、使用功能、建筑面积、主要原料与产品等情况外，要标明人员情况（白天人数、夜间人数）；生产能力；重大危险源；主工艺单元；使用的危险物质；厂区基本情况：建筑物的结构；生产辅助设施；生产工艺流程；生产设备及装置：化工设备及装置、机械设备、电气设备、特殊单体设备、主要储罐的形式、高度、直径等；并要结合方位图和总平面图，注明消防通道，单位内外的消防水源情况：可用的天然水源的常年需水量，取水方式（手抬泵或消防车吸水），消火栓、消防水池，屋顶水箱的信息，消防泵，接合器消防设施的信息等。实际上，单位的基本情况可列表说明。

4. 重点部位

主要通过危险源的辨识和风险评估，确定一些危险性相对较高的工段、车间或仓库、储罐等为重点部位，主要内容有该部位在单位中的大体位置、建筑结构、建筑面积、高度、储罐形式、储罐容量、操作人数、进攻疏散通道耐火等级等，可列表说明。

在进行危险源辨识时，既要考虑正常生产过程，也要考虑生产不正常的情况，尤其要注意以下工艺设备的危险性：烷基取代、烷（烃）化作用、胺化、氨基化、羰基化、冷凝、缩聚、脱氢、酯化、卤化、氢化、加氢、水解、氧化、聚合、脱硫、硝化、干燥、蒸馏等。

5. 情况设定与应急措施

对危害范围要进行评估，如物质泄漏，应描述出泄漏后果，物质是否可燃、蒸汽云是否存在及危害、泄漏危害及范围分析、是否存在火源及火源位置。情况设定要有具体的部位、危害和蔓延趋势分析，有事故车间或工段各人员的任务分配，本厂专职消防队的力量部署，有蔓延趋势，水枪、分水器等标注。这块内容还要考虑的方面：迅速了解燃烧或泄漏的物质、事故部位和被困人员的数量、位置；火势蔓延的途径、范围、进攻路线和堵截阵地的设置位置；燃烧物质有无爆炸可能；建筑物倒塌的可能性分析；本单位积极抢救、疏散人员与物资的措施；为消防部门到场后建议可用的灭火剂、水源信息；其他物资的保障措施，如雨具、个人防护器具的筹措，照明灯具的使用，沙包的运输方案等。

6. 组织机构

要明确应急指挥中心（EOC）、企业应急总指挥（SEC）等相关人员、组织机构和职责分工，明确相应情况下指挥部的设置，确保在通风地带有足够的安全距离、有良好的观察事故视线等。

7. 注意事项

预案要规定灭火剂的选择方案，如何做好个人防护，空气呼吸器和防毒面罩的使用，处置人员对建筑物的变形情况和化工装置爆炸前兆的观察，清理火场时防止复燃、复爆的措施，进攻与撤退信号的明确，工艺处置程序的操作。

事故应急救援工作是一项科学性很强的工作，制定预案必须以科学的态度，在全面调查研究的基础上，开展科学分析和论证，制定出严密、统一、完整的应急反应预案。情况设定总体上把握重点部位和多种情况两个要点。

（1）重点部位

要对多个部位危险源进行确定，确认可能发生的事故类型和地点，确定事故影响范围、可能影响的人数。其内容要按风险评价进行事故严重性的划分，收集相关资料，了解设备、设施或工艺的生产和事故情况，结合对象的地理、气象条件和周围社会环境；根据所评价的设备、设施或场所的地理、气象条件、工程建设方案、工艺流程、装置布置、主要设备和仪表、原材料、中间体、产品的理化性质等，辨识和分析可能发生的事故类型，事故发生的原因和机制，进行具体的情况设定。考虑到火点是不确定的，也就是说火灾有突发性，是随时随地都有可能发生的，这就决定了事故发生地点是不确定的。但大部分单位的预案中，往往把起火点加以特定，特定于单位的消防安全重点部位，并注重于部位的消防演练，这样的特定对象固然有其针对性，但缺乏灵活性，当其他部位发生紧急事故时，岗位人员无法灵活应变操作。所以在预案的制定中，不能硬性地规定重点部位为事故地点，而应在演练时根据演练目的的不同来假设不同的部位为事故点，这样，就可以提高参与人员的积极性、灵活性和创造性。

（2）多种情况

化工企业对各部位制定消防应急预案要考虑多种情况的发生，如中毒事故，生产装置区、原料及产品储存区发生毒物（中间体）泄漏或事故性溢出，危险品在厂区内的运输事故，全厂性和局部性停电、停水（包括冷却水、消防用水及其他生产用水）、停气（包括仪表空气、惰性气体、蒸汽等），生产装置工艺条件失常（包括温度、压力、液位、流量、配比、副反应等），自然灾害（洪水、台风或局部龙卷风等强风暴袭击、高温季节针对危险源的雷击等），火灾、爆炸或中毒等综合性事故，生产装置控制系统故障，工人操作失误等。在对多种情况进行分类设定的基础上，还要对各类情况按危害范围、程度进行事故分级，以便采取相应的应急措施。

应急预案应符合单位现场和当地的客观情况，具备适用性和实用性，便于操作。第一，预案的实施对象应以岗位为中心，而不能以具体的人为中心，单位都有人员增减、调动现象，如果在应急预案中的责任实施对象是单位中具体的人，则该人员调动时，就不能发挥其职责作用；相反，如果把实施对象的责任划分为以岗位为中心，那么预案的实施就有相对的明确性和稳定性，实现岗位与岗位相互配合，有序地进行应急救援。第二，应急预案应涉及人员疏散、工艺和外部灭火措施、图例、任务分工等；救援组织应明确救援工作的管理体系，救援行动的组织指挥权限和各级救援组织的职责和任务等、指挥机构的设置和职责；明确应急反应组织机构、参加人员及作用；确定应急反应总负责人，每一具体行动的负责人；规定本单位以外其他相关行业和单位能提供援助的有关机构；明确其他救援部门（如消防、环保等）与企业自身在事故应急中各自的职责，外接引导消防车的人员、给消防部门提供技术参考的技术人员等；说明疏散的操作步骤及注意事项，确定由谁决定疏散范围，是小部分还是全部的，明确被疏散人员的疏散区域或所使用的标志与具体的疏散路线。

各方面考虑要详尽：

（1）要考虑电力、自来水、救护、安监等相关单位的联系人及电话，以便应急指挥和疏散人员；确定现场 24 小时的通告、报警方式；确定预防事故的措施，具体情况、部位，用什么防护手段和工具；明确可用于救援的设施，如应急物资、特种灭火剂、空气呼吸器、防护服等防护用具的储存和使用，可用的检测设备。

（2）要考虑事故后的恢复措施，明确决定终止应急、恢复正常秩序的程序、方法，连续检测受影响区域的方法。

（3）要通过演练逐步完善，平时要对应急人员进行培训，确保处置能力；每年要组织人员对预案进行演练；定期检查预案的情况；明确每项计划更新、维护的负责人；将有关预案的修改情况及时上报给消防、安监等部门。

（4）要考虑预案制作的规范性。封面要有预案制定人、制作单位、审核人、批准人等；预案的着色符合规定，水池用蓝色轮廓线、重点部位用红色框线、本单位车辆和进攻路线用黄色标明；注明单位固定和半固定泡沫装置的发泡倍数等有关情况；有关图示要有指北针和相对合适的比例，关键部位可用照片附加说明。

（5）要充分借鉴现代计算机技术。计算机技术、网络技术、数字技术已在全社会得到发展和普及，为探索和形成新的应急救援预案制定模式创造了条件，为人们开发信息量大、查询方便、反应快捷的应急救援预案应用软件提供了技术上的可能。可使用配置较高的计算机和 Auto CAD 软件进行图的处理和编辑，对储存和使用的危险化学品链接到其理化性质、处置方案等内容上，可制作多媒体应急预案，可使用扫描仪进行扫描，还可用彩色打印机进行图纸输出，制成消防应急预案。

（6）要根据各单位的实际，考虑应急预案的形式。除利用计算机制作预案外，还可采用档案的形式制作预案，用文字和彩色图表进行表达。每份预案可根据火灾、化学污染和抢险救援 3 种事故类型确定不同类型的四级出动方案，分别用黄色、橙色、褐色、红色代表一般危险、中等危险、高危险、特危险四种区域，每种类型的事故发生在不同区域、不同级别就有不同的力量出动。

在化工企业生产危险源潜在事故或紧急事件分析的基础上，编制应急预案时还应注意如下主要事项：

（1）首先要对事故潜在后果进行科学的评估。

（2）对于只有一个简单装置的危险源，事故应急处理预案中可规定让操作员在操作过程中观察和监控，发现异常时立即报告应急机构由应急机构采取相应的应急措施。

(3) 对于具有复杂工艺设施的重大危险源，事故应急预案就应更加具体、细致、周到，应充分考虑操作过程每一步骤可能发生的重大危险，以及它们之间可能发生的相互作用和连锁反应。

(4) 在存在危险化学品物质和设施的危险源内外，应编制有事故现场的操作人员所采取的紧急补救措施的内容，特别应包括在突发、突变事件起始时能采取的紧急措施，如紧急拉闸停车、关闭物料来源、释放压力等。

(5) 事故应急处理预案还应包括召集危险源其他部位和主要专业管理人员在紧急状态下迅速到达现场的相关规定。

(6) 事故应急处理预案中应明确规定，企业应确保应急处理中所需应急物资能及时、迅速到达或供给。

(7) 在事故应急处理预案中必须明确，企业在需要外部应急机构支援的情况下，应完全掌握这些机构开始进行抢救所需的时间，充分考虑在这段时间内企业自身能否抑制事故的进一步发展。

(8) 在事故应急处理预案中，企业应充分考虑一些可能发生的意外情况，如操作人员生病、节假日休息、应急设施停运等，以及操作人员不在岗时，要安排和配备足够的备用人员来预防和处理紧急情况。

(9) 对于预案报警和通信方面，企业必须保证所有有关工作人员和非现场的管理人员熟悉报警步骤，可考虑在多处安装报警装置，并达到一定的数量，保证报警系统正常有效地运转，操作人员和现场管理人员必须熟悉事故应急处理的通信电话号码，并能快速地通知场外应急机构，通信系统必须是可靠的、畅通的、完好的。

(10) 在事故应急预案中必须明确有关部门和有关人员的责任，做到人员到位，责任分明，负责到底。

第四章
应急教育、 培训和演练

第一节　教育与培训

一、应急教育培训的原则、范围及内容

化工企业生产安全事故应急救援培训与演练的指导思想应以加强基础，突出重点，边练边战，逐步提高为原则。

应急培训与演练的基本任务是锻炼和提高队伍在突发事故情况下的快速抢险堵源、及时营救伤员、正确指导和帮助群众防护或撤离、有效消除危害后果、开展现场急救和伤员转送等应急救援技能和应急反应综合素质，有效降低事故危害，减少事故损失。

应急培训应包括政府主管部门的培训，社区居民培训，企业全员培训和专业应急救援队伍培训。

基本应急培训是指对参与应急行动所有相关人员进行的最低程度的应急培训，要求应急人员了解和掌握如何识别危险、如何采取必要的应急措施、如何启动紧急情况警报系统、如何安全疏散人群等基本操作，尤其是火灾应急培训以及危险物质事故应急的培训，因为火灾和危险品事故是常见的事故类型，因此，培训中要加强与灭火操作有关的训练，强调危险物质事故的不同应急水平和注意事项等内容。

具体培训中，通常将应急者分为五种水平，每一种水平都有相

应的培训要求：

1. 初级意识水平应急者。

2. 初级操作水平应急者。

3. 危险物质专业水平应急者。

4. 危险物质专家水平应急者。

5. 事故指挥者水平应急者。

二、教育培训的系统方法

1. 工作和任务分析

使用培训系统分析的第一步是确定应急工作效果、培训的必要性和专门应急工作的必要条件。培训者应该系统地辨识和分析对高效应急反应效果有重要作用的所有工作职能。培训分析完成后，培训者应该按任务和职责，对每个应急岗位的能力要求制定一个"工作和任务摘要"。工作和任务摘要简表的基本格式应该包括以下内容：

（1）使命：岗位的总体目标。

（2）重要职责：按职责对工作全面说明。

（3）任务：每项职责下要履行的各种任务。

（4）任务说明：明确说明责任人该怎么做。

（5）小队与个人：个人执行任务和小队执行任务之间的区别。

应急反应小队成员的工作和任务简表见表4—1。

一旦制成这个简表，应该核实所有职责、任务和相关任务的信息。这可依据各种现有技术（如调查、采访、统计）来完成，或从足够数量的知识丰富的责任人那里收集核实数据，以保证简表准确和全面。

在这点上，培训者应该确定所有应急任务中最重要的任务要求，然后确定工作责任人的培训要求和最初受训者。首先，培训者应辨识那些除了培训以外，用其他方法无法确保充分完成的任务；其次，

.表 4—1　　　　应急反应小队成员的工作和任务简表

应急工作和任务简表

职位：应急反应小队成员

使命：成员负责所有发生在工厂的应急事故的反应行动，包括火灾和化学物泄漏

重大职责：
1. 工厂火灾的反应
2. 化学品泄漏的反应

任务：
1. 工厂火灾做出反应
使用灭火器
准备消防带
查清火灾原因
其他
2. 化学品泄漏做出的反应
……

任务说明：
1. 使用灭火器
检查液位
检查灭火器类型
2. 准备消防带

培训者应该估计这些任务的工作技能、知识和以前受训者的培训经验；最后，辨识不必经过培训的任务，例如，一个应急反应小队成员可以自行完成关灯这样的任务。可以假设所有员工具有完成这项任务最起码的教育知识和经验，因而它可不纳入培训计划中。

培训者应该确定需要定期再培训的任务，根据应急反应作用的重要性作为主要选择基准；影响应急反应效能的非直接因素作为次要选择基准。考虑与每项任务相关的专项技能和条件很重要，它可通过以下步骤来完成：

（1）确定必要步骤（任务要素）和它们的顺序。

（2）辨识执行任务的条件。

（3）辨识任务的开始和终结的提示。

（4）执行任务的固定标准。

（5）辨识每项任务所要求的技能和类型（如体力和脑力）。

（6）辨识支持每个人技能必要的知识。

（7）继续分析任务，直到受训者的技能和知识符合工厂最低选择基准（高中毕业生）的程度。

结合工作和任务简表，应该核实每项任务所有辨识技能和知识，应根据已有技术（如调查、采访、统计）或通过收集足够的核实数据来完成。

2. 制定学习目标

根据工作和任务分析，可以确定学习目标，就是描述受训者培训后的效能。学习目标可分为两类，即最终学习目标和辅助学习目标。

最终学习目标是受训者完成培训后可度量的效能，例如：

（1）专指受训者在完成培训后所展现的（可观察到的）行为。

（2）专指需要采取行动的条件。

（3）专指达到充分效能所需满足的标准。

把任务要点、技能、知识和每项最终学习目标和相关信息转变为辅助学习目标：

（1）专指行为、条件和标准。

（2）与某个最终学习目标直接相关的每个辅助学习目标。

（3）知识和各种技能之间的区别（如体力与脑力之间的区别）。

3. 课程设置

应急培训计划课程应根据专项培训目标制定。学习目标应作为主要决策基础，所有授课内容应系统地确定。

（1）确定学习目标顺序

应该首先明确哪些学习目标非常重要，然后确定出其他的学习目标，这样达到一个目标后，学习另一个也更容易。最后选择与其他学习任务无关的学习任务。使用这些方法可以把所有学习目标变得更合理、易于接受。

（2）确定培训方法

培训者应该确定授课方法，应根据任务要求、教学要求、受训者和教师互动要求确定。

培训者应该确定教学媒介，根据学习任务规定效能（如使用法律语言交流）；学习的类型（如思维能力和身体技能）；为实现某种效能和某种学习的教学媒介，要求动态图像显示以便高效学习。

4. 课程准备

为执行培训计划，准备标准授课计划、教室辅助设施、学生学习材料等。

（1）组织教学

1）根据学习任务顺序，组织最初培训的授课内容。

2）对以前掌握的学习任务进行演练和加强，保证所学技能牢固统一。

3）根据选择教学方法、授课媒介和教学安排把授课内容分为若干部分。

4）根据需要，选择教学内容，定期重新培训。

5）根据初次培训同样的安排，组织重训教学内容。

（2）准备教学媒介

1）准备课程计划和教学辅助内容包括

• 每章、节课程的简要说明

• 教学者的作用和工作

• 授课者或受训者的参考资料

• 使用的授课方法和媒介

• 培训过程中事件的顺序

• 教学内容、工作要求和培训计划之间相互关系的说明

- 受训者学习任务
- 受训者成功的标准

2）评估现有教学媒介状况（如授课计划、学生学习材料、视听辅助设施）以辅助完成学习任务，改动和加入新的媒介。

3）使用已有方法，开发新教学媒介。

5. 受训者评估

根据效能标准和评估准则，培训者应该制定合适的测试，规定出使考试与工作有最大一致性和相关性的必要程序和指导原则。最终学习任务和辅助学习任务都应该进行考试。每项考试要求展示与学习任务和工作任务直接相关的知识和技能。确定每项考试的效能标准以确定出学习任务掌握是否充分。提供评判答案和解释说明以详细说明每项考试的必要程序和资源。培训者应该系统分析测试结果，向受训者反馈效能。这种分析不仅帮助改进受训者的缺点，也帮助培训者辨识出培训计划缺陷，以便在以后的计划中进行改进。

6. 计划实施

培训者应该准备并实施培训计划，组织、控制和评估受训者所接受的应急反应培训。计划应该明确划定培训计划的管理、指导和支持的任务和定义。它应该阐述对受训者管理策略，包括计划开始和完成的标准，辨识控制边缘受训者。这特别重要，因为在应急时，边缘受训者可能严重受伤或造成对别人的伤害。

计划应该详细说明教学设施（如大楼、实验室、设备）和教学媒介。一些应急培训可能在特定机构进行，如国家消防和危险物资管理培训学院。它应该指定培训评估计划和向受训者提供整个培训期的系统效能反馈。

培训要依照培训管理计划来实施。制定一个良好的应急培训计划但却不能遵照执行是巨大的资源浪费。只有资深人员才能进行培训，也应该建立教师能力和技能资格以保证有效培训。

7. 计划修订

系统的定期评估计划应当考虑受训者在实际应急或训练背景中的表现，应该依据这种评估对培训计划进行修订和更新。

三、基本应急培训

化工企业生产安全事故基本应急培训是指对参与应急行动所有相关人员进行的最低程度的应急培训，要求应急人员了解和掌握如何识别危险、如何采取必要的应急措施、如何启动紧急情况警报系统、如何安全疏散人群等基本操作。该培训内容强调针对化工生产火灾应急的培训以及危险物质事故应急的培训，因为火灾是极易发生又难以控制的常见事故之一。因此，培训中要加强与灭火操作有关的训练。

本节主要论述报警、疏散、火灾应急、不同水平应急者培训的相关内容。

1. 报警

使应急人员在第一时间报警，充分有效地利用身边的工具，如使用电话、手机或其他方式报警。

使应急人员掌握如何发布紧急情况通告，如使用警笛、电话或广播等。

使应急队员了解和学会在现场贴出警示标志，及时通知现场的所有人员。

2. 疏散

对人员疏散的培训主要在应急演练中进行。应急队员在紧急情况现场应安全、有序地疏散被困人员或周围人员，以避免造成更多的人员伤亡。

3. 火灾应急培训

由于火灾的易发性和多发性，对火灾应急的培训显得尤为重要。应急队员应该掌握基本的灭火方法，在着火初期抑制火势的蔓延，降低导致重大事故的危险，能够识别、使用、保养、维修灭火装置。

（1）划分级别

为了实现人力、物力资源的合理有效利用，在培训中，通常应将消防队员划分级别，根据不同级别，制定不同的培训要求。一般将消防队员划分为初级队员和高级队员，划分依据是他们掌握消防技能的差异。

1）初级消防队员：能处理火灾的初期阶段，会使用简易的灭火器、熟悉消防水系统的位置和使用。一般该级队员负责那些不需防护服和呼吸防护设备就可以开展应急救援的火灾应急。

2）高级消防队员：除了掌握初级队员的技能外，还必须会处理更严重的火势情况以及执行营救受困人员等任务。

（2）基本培训要求

该培训要求是根据队员的不同级别和掌握技能差异而制定的，详细内容如下：

1）初级消防队员（每年至少进行一次培训）：队员应学习和掌握基本的消防知识和技能，包括了解火灾的类型、燃烧方式、引发原因，了解燃料的不同特性，了解在不同的火灾类型中燃料的燃烧状态及相应的应对措施等。能够操作简单的灭火器、水管及其他消防设施，理解火灾的四个等级（A、B、C、D）的分类依据和灭火中的特殊性：

—A级火灾：涉及木头、纸张、橡胶和塑料制品的火灾；

—B级火灾：涉及可燃性液体、油脂和气体的火灾；

—C级火灾：涉及具有输电能力的电力设备的火灾；

—D级火灾：涉及可燃性金属的火灾。

2）高级消防队员（每季度至少进行一次培训）：队员除了接受初级消防队员的所有培训要求以外，还必须学习如何正确操作更复杂的灭火设备，接受更先进的灭火装备的使用培训，如了解各种喷水装置的特性和使用范围，了解各种能减弱火势的系统的使用。另外，每一位队员都必须学习个人呼吸保护装置和防护服的使用以保护自身的安全。

（3）危险化学品火灾应急培训要求

对于化工生产火灾，由于着火物的特殊性，决定了灭火工作相应的特殊要求。对于化学品火灾应急的培训要求也就超过通常的消防操作的训练要求。

消防队员必须了解和掌握基本的化学知识以及化学品火灾灭火剂的使用注意事项等有关内容。具体包括：

1）了解化学品的特性对于应急队员正确选择灭火剂和控制火灾措施具有重要的指导意义。

2）了解灭火剂的灭火原理以及如何防止蒸汽的产生、灭火剂混合物是否能被用来灭火、灭火剂的相容性、灭火剂与所涉及的化学品相容性等知识。鉴于大多数化学物质会与水发生化学反应而无法在发生化学品火灾时采用水来灭火，因此通常情况下普遍采用泡沫灭火。所以有必要了解有关泡沫灭火的基本知识。

• 灭火原理——泡沫覆盖在着火物质的表面，隔绝了空气，即断绝了燃烧中氧气的来源，从而使燃烧无法继续，达到灭火的目的。泡沫可以阻止蒸汽喷溅，冷却着火物质，降低蒸汽强度，在大多数可燃性或易燃性物质引发的火灾灭火中非常有效。

4. **不同水平应急者培训**

通过培训使应急者掌握必要的知识和技能以识别判断事故危险、评价事故危险性、采取正确措施以降低事故对人员、财产、环境的危害等。

（1）危险信号的识别

在危险化学品生产过程中为了标明它的危险性通常都应悬挂有危险品信号标志，用以提醒工作人员和周围群众注意，避免因不了解危险品的危险性而导致误伤事故的发生。

例如，NFPA（美国国家预防火灾协会）采用的危险物质标记就是从对健康的影响、易燃性、化学活性出发定义危险程度。

危险物质标记如图 4—1 所示。

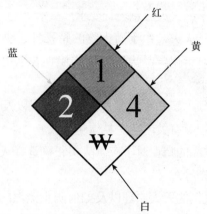

图 4—1　危险物质标记

符号的含义如下：

该危险标记是一个由四个小菱形组成的大菱形，每一个小菱形填充以不同的颜色和符号，代表不同的危险指标。

- 蓝色：代表对健康的危害性（0～4），在钟表 9 点的位置处
- 红色：代表易燃危险性（0～4），在钟表 12 点的位置处
- 黄色：代表化学反应活性（0～4），在钟表 3 点的位置处
- 白色：说明物质的特殊危险性或相关要求，在钟表 6 点位置处
- 0～4：小菱形中的数字代表危险物质的该类指标的危险程度

0：代表无明显危险。

4：代表极度危险。

1～3：代表危险程度逐级递增。

- W：代表该物质不与水发生反应，无横线则代表反应。

危险标记简单明了，能充分说明物质的危险性，具有极强的直观视觉效果，能引起人们注意。因此，应该努力完善危险标记制定

的法规条文，发展各种简单有效的标记设计，并及时用于工业生产和交通运输，有效发挥它的作用，为安全生产和运输提供一项有力保障。

（2）五种不同培训水平

初级意识水平应急者：该水平应急者通常是能首先发现事故隐患并及时报警的人员，如保安、警察等。

初级操作水平应急者：该水平应急者主要参与的是预防危险物质泄漏的操作，以及发生泄漏后的事故应急，其作用是有效阻止危险物质的泄漏，降低泄漏事故可能造成的影响。

危险物质专业水平应急者：该水平应急者的培训应根据有关指南要求来执行，达到或符合指南要求以后才能参与危险物质的事故应急。

危险物质专家水平应急者：具有危险物质专家水平的应急者通常与危险物质专业人员一起对紧急情况做出应急，并向危险物质专业人员提供技术支持。因此，要求该类专家所具有的危险物质的知识和信息必须比危险物质专业人员更广博、更精深。

事故指挥者水平应急者：该水平应急者主要负责的是对事故现场的控制并执行现场应急行动，协调应急队员之间的活动和通信联系。一般该水平的应急者都具有相当丰富的事故应急和现场管理的经验。由于他们责任重大，要求他们参加的培训应更为全面和严格，以提高应急者的素质，保证事故应急的顺利完成。

四、特殊应急培训

基本应急培训提供了一般事故伤害的应急培训，但在化工生产过程中一旦发生事故，应急队员就很有可能暴露于化学、物理伤害等各种特殊事故的危险中，仅掌握一般应急技能是远远不足以保护应急队员的生命安全的，因此必须对他们进行此类特殊事故危害的应急培训。

特殊应急培训包括针对化学品暴露、受限空间的营救、BLEVE的事故危害的应急培训。

• 化学品暴露

任何化学品都应该有一个在空气中的最高允许浓度，低于此浓度，人可以不使用呼吸防护设备。通过培训，应急队员应该了解这些浓度，并知道如何使用监控设备和呼吸防护设备。

对于呼吸防护的培训要求应该由专门的部门进行制定。

• 受限空间营救

受限空间是指缺少氧气或充满有毒化学蒸汽、有爆炸危险的浓缩气体等的狭小空间，通常只有经过培训并有必要防护设备的应急人员才被允许进入进行营救工作。受训者应该先学习必要的营救技术，并每年进行一次模拟的营救演练，对受训合格者应颁发证书。

• BLEVE

通常当容器内的物质泄漏，容器超压，或由于其他原因造成容器强度弱化而使容器失效、破裂，容器内液体发生大量泄漏，液体迅速汽化并与空气快速的混合，此时一旦遇到火源则易燃介质将发生燃烧并导致爆炸或火球的产生。

由于这种事故的高发性以及它的巨大破坏性，经常造成人员甚至是应急队员的受伤和死亡，因此，必须进行此类事故的应急培训。具体包括：

使应急队员了解该类事故的类型、产生的原理及如何采取对策等。

应急队员必须了解容器的结构和工作压力以及容器遭受物理破坏后可能出现的情况。

了解容器内物质的理化性质如沸点、蒸汽密度和闪点等基本情况。

会识别与事故有关的征兆，当以下征兆出现时，应急者需立刻疏散：

1. 容器周围可燃蒸汽的燃烧火势不断增加，这意味着火灾引起的沸腾液体在容器内部产生了更大的压力，有可能导致容器的爆炸。

2. 从容器的减压阀向外喷射火焰，通常这意味着压力正在不断升高。

3. 降压系统的噪声升高，这也意味着压力的升高。

了解控制 BLEVE 发生的两种方法，一是快速地将容器冷却，二是减少或转移容器附近的热源。

了解 BLEVE 的特性，如容器失效能导致破裂和爆裂，泄漏的可燃性液体可能会导致地面闪蒸，也可能产生向外和向上的火球。

掌握一旦遇到可能的 BLEVE 时，最好的应急选择是撤离到安全的、不会受到伤害的区域。

化工生产中危险品事故是多种多样的，在此仅对最常见的事故类型的应急培训进行简要论述，作为参考，可指导其他类型事故应急培训要求的制定。

第二节　应急训练及演练

应急演练是保障化工企业生产安全事故应急体系始终处于良好战备状态的重要手段，通过应急演练，可增强各类组织和人员的环境应急能力，因此，非常有必要开展环境应急演练及相关培训工作。

一、应急演练目的和要求

1. 目标

演练和训练有两个基本功能，就是培训和测试。训练在培训反应程序和强化个人技能方面提供了有效帮助，其主要目的在于测试应急管理系统的充分性，保证所有反应要素都能全面应对任何应急情况。

2. 化工企业生产安全事故应急演练要求

（1）演练要求过程逼真，组织有序，通信畅通，决策果断，手段先进，可考虑采用网络信息技术、卫星自动定位系统、无线和有线传输，实行远程控制指挥和决策，要体现上下联动、快速反应的协调能力。

（2）演练情况应根据现场的基本情况设置，尽量与实际相符，并考虑突发情况。

（3）要求尽可能多的企业人员有机会参加演练，熟悉疏散的路线和各种指挥信号，减少事故发生时的恐惧心理。

（4）整个演练过程应有完整的记录，作为训练评价和未来训练计划制订的参考资料，演练结束后应适时做出评价。

二、训练和演练类型

化工厂有四种训练和演练，测试工厂应对紧急局势的能力：定向训练、桌上训练、功能训练和全范围训练。

1. 定向训练或研讨会是让人员熟悉新计划和程序，由主要人员对计划进行初步讲解。定向训练在新计划首次实施、重大修订后或关键人员更换时使用。定向训练现实性不是很强。开始训练面向全体反应人员，也应包括政府和社区组织。在这之后，只有计划修订或人事变更所涉及人员接受训练。定向训练大约需要两个星期准备时间。要求使用足够容纳所有人员的训练室或会议室，也要求准备显示设备和材料。

2. 桌上训练结合模拟应急状况，实际状况下没有压力和时间限制。桌上训练与定向训练类似，除了桌上训练目的在于评价计划和程序，建立解决问题和组织间协调的技巧，评价新危险的影响和计划运作，协助培训。桌上训练包括使用交谈形式的模拟事故。参加人员利用应急计划中的程序，讨论对这些事故的解决办法和反应。

通过引入模拟事件使一系列的信息或问题产生一定程度的现实感。应该定期分发在实际紧急情况下发生的真实信息或事件。

制定一个桌上训练大约需要一个月。需要有足够容纳所有参加人和模拟材料（地图、图表等）的场地，专用显示材料和应急反应设备（如计算机）。在进行桌上训练前，所有参加者应该经过最初培训，已完成任务和定向训练。只要条件合适，政府、社区和互助组织应该鼓励参与桌上训练。

3. 功能训练是测试和评价反应组织的单个计划要素部分（如只是消防小队的测试）。进行功能训练以加强现有程序，测试人员设备的准备性，评价培训的有效性。功能训练要求参加者对模拟状况做出应急反应，模拟损害、模拟受伤员工、模拟泄漏和使用发烟装置或其他类似设施，创造出最高的真实性。

因为高度真实性要花费大量时间准备，至少需要三个月准备必要的模拟材料和计划。所有参加人员应该训练有素，在参加功能训练前接受过桌上训练。

4. 全范围训练是对整个应急反应系统的测试。功能演练测试反应功能、计划的单个要素的能力，而全范围训练测试整个计划和反应组织。全范围训练应该包括应急计划的许多要素，特别是那些与政府、社区和互助组织之间的协调领域。除了包括应急计划所有的内容，全范围训练给训练者更大的压力，比其他训练要求更长的时间。

全范围训练要求富有经验的计划人员和所有有关组织的代表参加。计划和指定全范围计划需要 6 个月。由于全范围训练常包括其他组织参与，在确定训练场景和计划安排过程中要考虑这些组织的要求。

化工企业生产安全事故应急训练的基本内容主要包括基础训练、专业训练、战术训练和自选科目训练 4 类。

（1）基础训练。基础训练是应急队伍的基本训练内容之一，是确保完成各种应急救援任务的前提基础。基础训练主要是指队列训练、体能训练、防护装备和通信设备的使用训练等内容。

（2）专业训练。专业训练主要包括专业常识、堵源技术、抢运和洗消以及现场急救等技术。通过训练使救援队伍具备一定的专业救援技术，有效地发挥救援作用。

（3）战术训练。战术训练可分为班（组）战术训练和分队战术训练。通过训练使各级指挥员和救援人员具备良好的组织指挥能力和实际应变能力。

（4）自选科目训练。选择开展如防化、气象、侦检技术、综合演练等项目的训练，进一步提高救援队伍的救援水平。

在开展训练科目时，专职性救援队伍应以社会性救援需要为目标确定训练科目；而单位的兼职救援队应以本单位救援需要为目标，兼顾社会救援的需要确定训练科目。

救援队伍的训练可采取自训与互训相结合、岗位训练与脱产训练相结合、分散训练与集中训练相结合的方法。在时间安排上应有明确的要求和规定。为保证训练有素，在训练前应制订训练计划，训练中应组织考核、验收和评比。

无论什么性质的演练，都可以分为全面演练、部分组合演练和单项演练。演练既可在室外进行，也可在室内进行。演练既可由机关单独进行，以指挥、通信联络为主要内容，也可由机关带部分应急救援专业队伍进行。

三、应急演练的任务

开展化工生产安全事故应急演练过程可划分为演练准备、演练实施和演练总结三个阶段。按照应急演练的三个阶段，可将演练前后应完成的内容和活动分解，并整理成二十项单独的基本任务。

1. 确定演练日期

应急演练指挥机构应与有关部门、应急组织和关键人员提前协商，并确定应急演练日期。

2. 确定演练目标和演示范围

应急演练指挥机构应提前选择演练目标，确定演示范围或演示水平，并落实相关事宜。

3. 编写演练方案

应急演练指挥机构应根据演练目标和演示范围事先编制演练方案，对演练性质、规模、参演单位和人员、假想事故、情景事件及其顺序、气象条件、响应行动、评价标准与方法、时间尺度等事项进行总体设计。

4. 确定演练现场规则

应急演练指挥机构应事先制定演练现场的规则，确保演练过程受控和演练参与人员的安全。

5. 指定评价人员

应急演练指挥机构负责人应预先确定演练评价人员，分配评价任务。评价人员由政府有关部门的领导及相关领域内的专家组成。

6. 安排后勤工作

应急演练指挥机构应事先完成演练通信、卫生、物资器材、场地交通、现场指示和生活保障等后勤保障工作。

7. 准备和分发评价人员工作文件

应急演练指挥机构应事先准备说明评价人员工作任务、演练、日程及后勤问题的工作文件，以及与其任务相关的背景资料，并在演练前分发给评价人员。

8. 培训评价人员

应急演练指挥机构应在演练前完成评价人员培训工作，使评价人员了解应急预案和执行程序，熟悉应急演练评价方法。

9. 讲解演练方案与演练活动

应急演练指挥机构负责人应在演练前分别向演练人员、评价人员、控制人员讲解演练过程、演练现场规则、演练方案、情景事件等事项。

10. 记录应急组织演练表现

演练过程中，评价人员应记录并收集演练目标的演示情况。

11. 评价人员访谈演练参与人员

演练结束后，评价人员应立即访谈演练人员，咨询演练人员对演练过程的评价、疑问和建议。

12. 汇报与协商

演练结束后，应急演练指挥机构负责人应尽快听取评价人员对演练过程的观察与分析，确定演练结论并启动协商机制，确定采取何种纠正措施。

13. 编写书面评价报告

演练结束后，评价人员应尽快对应急组织表现给出书面评价报告以及演练目标演示情况的书面说明。

14. 演练人员自我评价

演练结束后，应急演练指挥机构负责人应召集演练人员代表对演练过程进行自我评估，并对演练结果进行总结和解释。

15. 举行公开会议

演练结束后，应急演练指挥机构负责人应邀请参演人员出席公开会议，解释如何通过演练检验应急能力，听取大家对应急预案的建议。

16. 通报不足项

演练结束后，应急演练指挥机构负责人应通报本次演练中存在的不足项及应采取的纠正措施。有关方面接到通报后，应在规定的期限内完成整改工作。

17. 编写演练总结报告

演练结束后，应急演练指挥机构负责人应向上级部门及领导提交演练报告。报告内容应包括本次演练的背景信息、演练时间、演练方案、参与演练的应急组织、演练目标、演练不足项、整改项及建议整改措施等。

18. 评价和报告不足项补救措施

演练结束后，有关方面应针对不足项及时采取补救性训练等措施。应急演练指挥机构负责人应针对补救措施完成情况准备单独的评价报告。

19. 追踪整改项的纠正

演练结束后，应急演练指挥机构负责人应追踪整改项纠正情况，确保整改项能在下次演练中得到纠正。

20. 追踪演练目标演示情况

应急演练指挥机构应确保应急组织按照有关法规、标准和应急预案的要求演示所有演练目标。

四、训练准备

1. 成立演练指挥机构

演练指挥机构是演练的领导机构，是演练准备与实施的策划部门，对演练实施全面控制，其主要职责如下：

（1）确定演练目的、原则、规模、参演的部门；确定演练的性质与方法，选定演练的地点与时间，规定演练的时间尺度和公众参与的程度。

（2）协调各参演单位之间的关系。

（3）确定演练实施计划、情景设计与处置方案，审定演练准备工作计划、导演和调整计划。

（4）检查和指导演练的准备与实施，解决准备与实施过程中所发生的重大问题。

（5）组织演练总结与评价。

指挥机构成员应熟悉所演练功能、演练目标和各项目标的演示范围等要求。演练人员不得参与指挥机构，更不能参与演练方案的设计。指挥机构组建后，应任命其中一名成员为指挥机构负责人。

在较大规模的功能演练或全面演练时，指挥机构内部应有适当分工，设立专业分队，分别负责上述事项。

准备是成功的关键。如前所述，计划的程度和准备各种训练的时间变化很大。可是训练准备还是有一些基本相同步骤。

- 确定目的（即必要性分析）
- 辨识现有资源和进行训练的能力
- 计划训练（包括人员分配、目标、确定范围和辨识必要后勤需要）
- 建立训练场景和模拟材料
- 分派训练人员功能（控制者、模拟者、评价者）

2. 编制演练训练方案

一旦完成必要性分析和资源分析，计划人员分工完毕，就可开始计划过程。它包括以下几步：

（1）确定范围

确定范围就确定了训练的基础。确定训练范围包括分析六种与工厂和训练相关的条件。

1）操作。确定操作范围要求参加者完成特定反应任务。当分析过程已经辨识出训练的整体任务，要确定出其中特定任务或操作。

2）参加组织

进一步明确范围，需要辨识参加操作的各种组织。一旦确定某种操作，能辨识所有参与的组织。

3）人员

明确参加训练的组织，也就可确定这些专门的人员。

4）危险

关于有关危险类型，要考虑两个因素：危险必须具体，确定风险程度。

5）地理区域

训练地理区域应该是危险发生和采取实际反应行动的合理地点。

6）真实程度

真实程度是指紧张程度、复杂性和时间压力等，真实程度必须在计划早期阶段确定。

（2）选择训练类型

完成以上步骤，就可以选择训练类型。确定一个类型训练要考虑到前面概括的训练、演练循环。先进行简单的训练，再上升到复杂的训练。例如，在功能训练之前，应进行一个或多个桌上训练。这种渐进式方法保证训练的复杂性不超过参加者执行任务的能力。

四种训练和演练在目的、真实性、范围和需要资源存在差异。比较训练的不同要求和训练的目的和范围，选出最佳训练类型。

定向训练——局限于最初实施、重大修订或关键人员变动之后对计划的审查。

桌上训练——训练者目的限于解决出现的问题、不同组织之间的协调和领导技能。

功能训练——当测试技能培训、设备充分性或程度时使用。它们的优点是具有高度真实性。因为功能演练限制参加组织人员和操作的数目，资源数量远小于全范围训练。

全范围训练——考虑到成本和长期准备时间，只限一年一次。这些训练测试多组织、多机构相互协调的情况。

（3）确定成本和责任

早期计划也是讨论训练预计成本和责任的问题。成本涉及计划和进行训练的每一步，包括人员、设备和其他花费。当有厂外组织参与时，必须明确解决谁负责训练中各种花费的问题。进行训练所需要的资金必须在工厂每年预算中考虑到，以保证训练计划得以实施。在功能训练和全范围训练中，应该辨识出每个人的义务。在进行训练前应讨论保险额，保证因为训练引起人员或财产损失事故时有充分的保险额。

（4）制定目的说明

在计划过程中重要的一步是编制训练目的说明。这个说明必须清楚简单地说明训练中要完成什么。所写目的主要来自必要性分析内容，并加入确定操作范围和组织时得到的信息。应该辨识如下：

- 检测计划要素
- 涉及操作
- 参加组织

常见的目的说明如下：

目的说明。本项训练的目的是测试室内火灾反应程度的充分性，通过如下方法：通知消防局、消防反应小队和应急运作中心人员；记录这些组织的反应时间；观察这些组织之间的通信联络程序；评估各种组织之间的工作的协调性。给出测试的计划要素：室内火灾反应程序。有关操作：通知人员、应急人员反应、各组织通信联络和协调。参加组织：消防部门、消防反应小组和应急运作中心人员。

（5）优化反应目标

目的说明可确定执行训练中专项目标。这些目标用于确定训练参加者的行动。当训练时计划要素的目的说明已确定，优化目标会使目标更清楚。关于通知程序的测试部分的一些目标可能是：

- 评价现场一线员工消防报告程序
- 评价工厂报警系统在紧急时使用情况
- 评价与消防部门接触时程序的可靠性

一旦预计训练的所有操作目标已经确定，下一步是确定训练参加者完成这些目标的预期专门行动。这些预期行动很重要，因为它们确定了必须完成什么训练场景（引发行动）和测试参加者实际反应的标准。可被一线员工执行的是：

- 员工发现火情，能找到最近的报警器
- 员工警告临近区员工
- 通知监察员发生火灾的性质、位置和程度

优化目标和确定预期行动实际过程相对简单。通过审查应急计

划的相应部分（通过目的说明辨识），依据需要分析的信息和训练范围和类型，可能确切辨识出训练要预测什么和评价什么。计划中有专门程序将辨别出那些满足训练目标的行动。

情景设计过程中，指挥机构应考虑以下注意事项。

1）编写演练方案或设计演练情景时应将演练参与人员、公众的安全放在首位。演练方案和情景设计中应说明安全要求和原则，以防演练参与人员或公众的安全健康受到危害。

2）负责编写演练方案或涉及演练情景的人员必须熟悉演练地点及周围各种有关情况。一般说来，应由技术专家和组织指挥专家（管理专家）两部分专家参与此项工作。演练人员不得参与演练方案编写和演练情景的设计过程，确保演练方案和演练情景相对于演练人员是保密的。

3）设计演练情景时应尽可能结合实际情况，具有一定的真实性。为增强演练情景的真实程度，指挥机构可以对历史上发生过的真实事故进行研究，将其中一些信息纳入演练情景中，或在演练中采用一些道具或其他模拟材料等手段。

4）情景事件的时间尺度可以与真实事故的时间尺度相一致。特殊情况下，可以将情景事件的时间尺度缩短或延缓。但只要有可能，两者最好能保持一致，特别是演练的早期阶段，能使演练人员了解可能用来完成他们自己特定任务的真实时间是非常必要的，当演练涉及反映应急组织之间的协同配合时，时间尺度的真实性也是演练成功进行的关键因素。但是，可以用作演练的时间总是有限的，所以根据演练目标的要求压缩时间尺度也是可以接受的，室内演练中压缩时间尺度的情况经常发生，无特殊需要不应延长时间尺度。

5）设计演练情景时应详细说明气象条件。如果可能，应使用当时当地的气象条件。但是依照气象预报在情景设计时描述的气象条件很可能与演练开始后出现的天气情况不一致，使得事先设定的响应程序在演练中会因为天气变化而无法执行。因此，演练时不必一定使用当时当地气象条件，必要时可根据演练需要假设气象条件。

6）设计演练情景时应慎重考虑公众卷入的问题，避免引起公众恐慌。必要时，对公众作为演练人员在演练中的行动细节做出详尽的说明，并明确规定新闻媒体进行宣传的内容、时间和方法。

7）设计演练情景时应考虑通信故障问题，以检测备用通信系统。备用通信系统检测应采取实际演练方式，而不是仅仅以模拟或口头演练备用通信系统。

8）设计演练情景时应对演练顺利进行所需的支持条件加以说明，如通信保障、技术与生活保障、物资器材保障等。关于演练结束后仍需完成某些任务的单位或个人也必须在演练情景中予以明确。

9）演练情景中不得包含任何可降低系统或设备实际性能，影响真实紧急情况检测和评估结果，减损真实紧急情况响应能力的行动或情景。

3. 制定演练现场规则

演练现场规则是指为确保演练安全而制定的对有关演练和演练控制、参与人员职责、实际紧急事件、法规符合性、演练结束程序等事项的规定或要求。演练安全既包括演练参与人员的安全，也包括公众和环境的安全。确保演练安全是演练策划过程中的一项极其重要的工作，指挥机构应制定演练现场规则。

4. 培训评价人员

指挥机构应确定演练所需评价人员数量和应具备的专业技能，指定评价人员，分配各自所负责评价的应急组织和演练目标。评价人员应对应急演练和演练评价工作有一定的了解，并具备较好的语言和文字表达能力，必要的组织和分析能力，以及处理敏感事务的行政管理能力。评价人员数量根据应急演练规模和类型而定，对于参演应急组织、演练地点和演练目标较少的演练，评价人员数量需求也较少；反之对于参演应急组织、演练地点和演练目标较多的演练，评价人员数量也随之增加。

五、编制训练材料

1. 编制模拟材料

一旦训练过程完成，必须编制模拟材料以达到预期结果。事故场景设计必须达到模拟测试计划要素所要求的真实程度。这可通过建立三个基本文件达到：

- 场景叙述
- 掌握事件顺序单
- 信息和问题

（1）场景叙述

场景叙述是设定模拟事故的场景。它应该确定训练的起点，简要描述事故时工厂操作状态。此文件为叙述格式，应该简单（1～5段）。

（2）掌握事件顺序单

模拟过程的第二部分是模拟事故所有发生的事件名单，这些详细事件单应该在场景叙述结尾处开始，引发达到训练目标的行动。编制事件顺序单的第一步是回顾这些目标，对每个目标确定出参加者会采取哪些必要行动，即完成目标的事件。最终应该成为一步步的富有逻辑性的事件。

第二步是完成事件顺序单，见表4—2。应用这个表，把辨识出的事件记录在"事件栏"中。接着列出每个事件的预期行动（就是在优化目标过程中确定的行动），表格还有两栏记录时间"正常时间"和"训练时间"。"正常时间"指实际时间，"训练时间"指从训练开始所经过时间。这对于重大事故很重要，因为它要求做到更好的控制（训练不总是从预定时间开始，经常要偏离时间表）。

事件顺序单也反映了问题和信息。"标记"栏是记录引发每个事件问题信息的相应号码。事件顺序单应该包括控制点，控制点是训练中所必须采取的行动。控制点需要清晰明确（通过说明某一事件

表 4—2　　　　　　　　　　　事件顺序单

事件顺序单				
训练名称＿＿＿＿＿＿＿＿＿＿＿＿＿＿＿＿＿＿＿＿＿ 日期				
时间		事件	标记	预期行动
正常时间	训练时间			

是控制点)，在训练时要对它进行监控。如果在控制点预期行动没有
发生，训练控制人员应采取措施让训练回到正轨。

(3) 问题和信息

写出问题和信息的目的是提供一种方法列出事件，介绍给参加
者。在实际应急时，反应人员将对他们观察到的或其他人员提醒注
意到的事件变化状态做出反应，但在训练中这些状态只能通过问题
和信息来模拟。

1) 问题。问题是记录的事件或训练模拟者对行动的叙述与描
述。在真实事故中，这种问题可被观察到或测量出来，但许多事故
或情况不能只由一场训练而确定。在训练时使用问题叙述，在定向
和基本桌上训练时，问题说明要简单。问题的目的是引发参加者行
动，它可简单表达为"如果发生火灾我们该做什么"。在更复杂的功
能训练和全范围训练中为了保证所有训练目标都满足，必须有更加
详细和专门的问题。

训练问题或事件模拟表可用于训练控制者、模拟者和参加者。
参考以下说明：

问题号P-_____

训练问题/事件模拟

时间:_____

问题/事件描述: _____
_____
_____
_____

模拟方法: _____
_____
_____
_____

控制者/模拟者的意见: _____
_____

A. 按照发生顺序,每个问题应该编号。参加者可参考事故掌握顺序表中符号栏编号。问题号码要给出前缀"P"以区别于信息。

B. 在表格时间部分一般给出训练时间。

C. 在表格上详细描述问题或事件。

D. "模拟方法"即描述模拟者或控制者如何把问题介绍给参加者,用什么方法来模拟事故达到最大真实性。此部分应该参考模拟辅助材料。

E. 表格最下面是让控制者和模拟者记录问题的意见,以便在以后训练中使用。

2）信息

问题是用来模拟可观察事件和状况的，信息是模拟通信联络。信息可用于各种训练，但在定向训练和基本桌上训练较少。它们在功能训练和全范围训练中特别重要。回答基本问题的信息：谁发出的？信息是什么？给谁？怎么给？训练信息表应该用于建立、控制和使用信息。在事件掌握顺序单中讨论的信息应该参考它相应的事件。训练信息单有确定号码，可参考事件顺序单中标记栏。这个号码的前缀为"M"以区别问题中"P"。

信息表也要填写信息发给谁，"给"；信息来自谁，"来自"；传递方式"手段"。只要有模拟的详细方法，就要填写在"备注"栏中。例如，信息传递可通过无线电或电话由模拟者或是只由控制者简单递交给参加者。"正文"用于填写信息内容，正文中语言应该清楚交代信息。为保证真实度，使用语言应该与真实紧急情况发生预期的一样。记录时间是确定的送发信息的时间。训练时，应使用训练时间而不是实际时间，因为训练中延迟会使实际时间发生混乱。在表格底部由模拟者或控制者对信息或参加者行动提出意见，以便在训练评估中使用。

2. 后勤和辅助

每项训练都要求某种后勤和辅助支援，不同训练人员要求的程度不同。后勤意味着供应一定量的设施、显示设备，以使训练顺利进行。

（1）训练区

无论什么类型，每种类型必须有执行任务的一定区域。遵循的基本规则是在实际发生事故的相同位置进行训练，对应于应急操作进行。

（2）辅助设施

根据训练的类型和范围，几种辅助设施是必要的。

在各种支援组织相互作用的模拟训练中，训练人员可发出、接受和查询信息或进行其他通信联络。例如，关于应急运作中心的训练模拟室配备，训练人员来自支持机构如消防部门和消防反应小队，应该发送模拟信息给应急运作中心。

信息室是从控制者、模拟者到参加者的训练信息的整理室。它把信息分发给相关组织和（或）参加者。信息中心需要的设备简单。除了大量复杂训练信息，信息中心通常是不必要的，因为可由模拟者或控制者直接传递给参加者。信息中心有时可模拟为一个通信中心。

控制室也是一个辅助设施，可能只在最大型的训练中需要。控制者通常在模拟室或操作区操作，在那里可直接监督训练过程。

（3）通信设备

训练中通信设备应该与应急中心的一样，但是，也要考虑其他训练中的通信联络。开始训练中要有通信设备，这是由于进行训练时间有限。在真实状况中将要花几小时准备通信设备，而在模拟和训练中只要求几分钟。为防止信息流量充斥通信系统，要求准备另外的无线电和电话。

许多训练是在正常生产运营下进行的，因而训练参加者可能没有一些通信设备。在实际应急中，与反应相关的任务应优先考虑，但在训练中不都总是这样，更多使用文字信息可能是必要的。在训练中如果使用模拟室和（或）信息中心，将会要求有其他设备。

（4）设施的专门考虑

训练中的实际设施还需要专门考虑或做另外计划。许多情况下要保证正常运转，就对现有设施和资源增加了专门要求。需专门考虑的包括：

• 额外人员足够的工作空间

• 影像辅助课件的面积（如投影仪和录像机）

• 停车位

- 点心/食物区
- 参加者和其他人员的厕所
- 姓名卡、身份证
- 另外供应（如纸张、铅笔、带夹写字板）

（5）显示和材料

如果要高真实程度进行训练，就要专门准备显示和材料，因为许多文件和材料如疏散路线图是反应程序的一部分。许多专门材料用于增强训练的真实性；视听演示课可以极大增强真实感；实际紧急事故的相片或录像在一些训练中对增强真实性很有效；使用图表、地图和黑板能有效地显示必要信息，这种信息对桌上训练特别有用；投影仪和胶片也是极有用的工具。

计算机在许多领域很有用，因为它能储存、显示和打印大量信息，在计划和准备训练中也很有用。一些计算机有绘图能力，可用于准备和演示图表，因为计算机中的信息可以很快地改变，能迅速修改、显示和打印其中的文件。控制者可迅速调整在训练时的信息流，修改时间安排以帮助保证所有人员知道变更。在计算机上可以很容易做到信息的修改和更新。当进行更复杂的训练时有时要准备专门目录。

在功能训练和全范围训练中，许多方法可用于增加真实度。一些常用的模拟仪器：

- 模型（模拟受伤者）
- 发烟弹以模拟火灾中黑烟或化学物质泄漏
- 惰性物质（如水）来模拟危险物质泄漏

3. 训练作用

训练人员被委派到三个重要岗位：控制者、模拟者和评价者。在更多定向和桌上训练，一个人可担任三个角色。当训练的范围和复杂性更高时，实行的人员也必须增多。

（1）控制者

控制者的主要功能是确保训练按计划进行。通过监测信息流和参加者的决策行为，控制者保证训练按场景叙述和事件掌握顺序单确定的大纲进行。采取必要行动，保证按正常轨道运行是控制者的职责。训练指挥者或许多训练计划人员应该担任训练控制者，因为指挥者熟悉训练的目标、概念和场景。控制者的数目与训练的大小和复杂程度有关。控制者专门任务包括：

1）检测事件顺序以确保训练依照计划进行。

2）在整个训练中保持有序和职业化。

3）介绍自动信息作为非预期事件。

4）放弃信息以调整训练快慢。

5）可以加快步伐，增加信息。

6）检查参加者行动和决策，以确定训练是否正常进行。

在训练中，控制者必须有事件顺序单复印件、所有信息和任何其他模拟材料。

（2）模拟者

模拟者的功能是创造一种不参加的组织但可能在实际应急中出现。例如，训练只包括应急运作中心人员，可能应用模拟来扮演部分反应小队或厂外组织。因为模拟者的角色是扮演组织中成员，他或她必须熟悉该组织职责、任务和能力。模拟者任务包括：

1）通过使用书面信息，模拟所有组织采取的行动。

2）根据事件掌握顺序单、事件表发送信息，代表小队预期反应和报告。

3）通过发送自动信息，表述训练者对非预期行动的反应。

4）通知控制者场景偏离。

模拟者不只是发布信息给训练参加者，他们必须准备接受来自参加者的信息，模拟随后相应的行动。要给模拟者提供相应的计划信息和事件顺序单复印件。

模拟者的培训是重要的。人员必须意识到事件顺序和熟练阅读信息。人员必须知道什么时候粘贴预期材料和什么时候创造自己信息。培训应该使模拟者熟悉以下内容：

1）训练目标。

2）信息表格。

3）所有训练信息的内容。

4）自动信息的发展。

5）与其他模拟者的协调。

6）反应的准确性、及时性和真实程度。

7）与控制者相互作用。

模拟者的多少与训练大小类型和复杂程度有关。如果只使用单个人（或几个人），许多组织会降低真实度，这就需要增加模拟者。

（3）评价者

评价者是训练中必要的成员。评价者观察训练，事后报告什么错、什么对。只要可能，评价者应该不直接参加应急计划的组织。但是，评价者必须了解应急反应的概念并熟悉工厂计划。评价者可能是来自临近其他工厂的人员。

由于评价者对计划和基本训练概念不是完全了解，培训应该包括：

1）解释训练目标。

2）熟悉参加组织。

3）信息流向程序。

4）观察到专门决策或行动。

5）详细阐述程序。

6）准备评价报告的程序。

7）熟悉工厂应急组织。

8）审查所有训练信息和事件掌握顺序单。

4. 训练大纲

计划过程的最后一步是准备训练纲要。这个文件应该是有关训练详细内容的总结，目的在于作为控制文件，在给管理层展示训练时使用，并作为制定对训练参加者和工作人员必要培训时的基础。它的格式和内容可以不同，大纲的介绍部分包括目的阐述、目标参加者、职责和时间表、成本和必要人员安排。大纲还应该包括对训练的简要说明，反映出参加者要采取什么行动，需要什么设备，要模拟什么行动和事件，谁来模拟它们。对于应采取的预防和实行程序以及必要的其他管理内容也应包括在内。训练大纲应该包括所有训练器材和表格如事件掌握顺序单、信息问题、评价表等。

六、应急演练训练实施

所有计划和制定演练的目标是它的实施。实施是提供开始、发展和结束演练的指南和技术，它将尽力确定一些所面临的问题和解决办法。应急演练实施阶段是指从宣布初始事件起到演练结束的整个过程。虽然应急演练的类型、规模、持续时间、演练情景、演练目标等有所不同，但演练过程中的基本内容大致相同。

演练过程中参演应急组织和人员应尽可能按实际紧急事件发生时的响应要求进行演示，由参演应急组织和人员根据自己关于最佳解决办法的理解，对情景事件做出响应行动。指挥机构或演练活动负责人的作用主要是宣布演练开始和结束，以及解决演练过程中的矛盾，并向演练人员传递消息，提醒演练人员采取必要行动以正确展示所有演练目标，终止演练人员不安全的行为。

演练过程中参演应急组织和人员应遵守当地相关的法律法规和演练方案，确保演练安全进行。

1. 实施定向训练

定向训练的计划和准备最容易，因为它的范围有限，实施这种训练要求的技术也很简单。定向训练是定期事件，训练的时间和地点预先通知所有参加者，并且应设定出来开始和结束的时间。

定向应该以训练协调者的简单介绍开始。这种介绍应该包括对所有参加者训练目的的解释，就是测试他们对应急计划条款的理解。训练讨论的计划要素应明确出来。训练控制者应该接着介绍场景叙述，然后开始讨论应急计划如何对问题作出反应，因为训练的目的是测试参加者的知识和对应急反应计划程序的理解。讨论最好通过渐进的方式，最简单的方式是提问"先做什么"和"然后如何"。

定向训练不是讲座，应该限制训练控制者参与讨论、控制流向和方向。训练控制不应该关注参加者在训练中的错误，除非是错误把讨论引离训练目标。错误和对应急计划的误解可在训练后的汇报总结中处理。

参加者讨论成功，满足训练目标或训练安排时间表，定向训练才算达到目的。由于定向训练一般在设定时间结束，训练控制者必须提供足够时间满足所有目标，还要考虑详细讨论的时间。如果所有目标不能满足，训练控制者可超出安排时间（如果参加者时间安排允许）重新安排讨论时间或在那时结束训练。

2. 进行桌上训练

进行桌上训练的过程与定向训练相似，但桌上训练的复杂性、范围和真实程度变化很大。实际桌上训练只有两种：基本的和高级的。基本桌上训练是在定向训练中，通过小组讨论解决基本问题。桌上训练比定位训练有更多时间，进行的方式也很类似，从介绍目的、范围和管理规章，然后是由训练控制者介绍场景叙述。场景是讨论计划条款和程序的起点，应该详细包括特定位置、严重程度和其他相关问题。训练控制者必须控制讨论流向以确保达到训练目标。在所有目标达到后，基本桌上训练或训练日期结束。如果没有在允许时间内达到所有目标，训练控制者要决定延迟继续训练或简单结束训练。

高级桌上训练使用与基本训练相同的技术，但是，高级桌上训练把引起一系列问题的另外要素加入场景叙述的基本问题中。高级桌上训练以简单场景叙述开始，当讨论继续时，训练控制者会介绍一系列相关问题或事件，要求参加者讨论每个问题的解决办法。一些桌上训练的重要特点：

(1) 高级桌上训练要求编制和使用事件顺序单。

(2) 通过信息把事件介绍给参加者。

(3) 介绍所有参加者的信息，进行自由公开讨论或由特定人员指导。如果信息指向某人，该人要概括出反应或解决办法，由其他参加者讨论。

(4) 训练控制者负责检测讨论导向，使所有信息在预定时间内介绍，它们被介绍的顺序可能要改变，以符合交谈连贯背景。

关于定向和基本桌上训练的一般意见也可用于高级桌上训练。当所有问题的解决令训练控制者满意，训练就完成了。

高级桌上训练要求准备地图、显示、胶片、相片等，以协助进行训练。由于在教室环境和非现场内进行训练，显示材料极有价值。

3. 进行功能训练和全范围训练

进行功能训练和全范围训练使用的方法基本上是相同的，只在范围和复杂程度上有所区别。两种类型都具有最高的真实度，它们都包括许多反应任务的实际效果，训练在真实紧急发生的场所进行，都不同于定向和桌上训练的方式。

定向/桌上训练与功能/全范围训练的重要区别是前者有宣布开始时间和日期，后者有时不通知参加者确切的功能和全范围训练的时间表。这种"非注意"型训练是合适的，训练目标是检测报警和通知程序，没有突然性，就不可能知道参加者是否能向非预期通知做出反应。

重要的是在非注意训练中，参加者应在开始前准备训练目标和细节。训练的成功依赖于参加者了解他们的期望。这可在训练介绍中完成，有时在训练前一星期进行。训练介绍应该包括如下信息：训练时间多长；参加者有谁；安全措施；报告/记录程序。考虑到参加者会特意准备，关于训练场景的细节不应该给参加者。管理细节如厕所位置、午饭时间等应该书面给出。

开始功能/全范围训练的方法可能随训练目标而变化。但是，由于功能训练和全范围训练大多把测试通知/报警系统作为目标，参加者一般当训练控制者介绍最初模拟开始，才发现紧急状况，不像定向和桌上训练，在开始训练前的预定时间，参加者集结在一个预定位置。功能/全范围训练的参加者一直到首次信息发布后才做出反应。换句话，他们会继续正常活动直到他们接到训练开始的通知。例如，消防反应人员可能不做出反应直到听到消防报警。为避免混乱和恐慌，所有训练信息特别是最初报警应该以说明开始和结束。"这是……训练"，如果使用报警系统，应该用公共发布系统来宣布演练。根据训练的目标和范围，有几种介绍开始训练信息的方法。如果训练不包括真实应急中最初的反应活动，在最初信息或问题之后，训练控制者会使用场景叙述来报告参加者训练的目前状态。

为达到最高真实程度，要求训练参加者正常执行反应任务。例如，执行需要使用消防带的消防任务是不实际的，因为消防水能引起破坏，但是，参加者应该被要求布置消防带和其他任务，但不能放水。

一旦开始训练，训练控制者有责任保证训练在轨道内以平稳速度进行。训练控制者面临的另一个问题：在功能训练及全范围训练中，在实际应急中对于很长时间的任务，必须在压缩后的训练时间表内完成。例如，一般要花几个小时或更长时间来控制一个大型建筑火灾，在训练时这要减少到几分钟内完成。在最初反应活动完成后，控制者应该停止训练，简单向所有参加者说明假定几个小时后，火被扑灭。

功能训练及全范围训练中，一般当所有训练目标达到时（事件顺序单预期行动完成）或当计划时期到期才结束。因为日程设定有问题或其他原因重新安排训练是不现实的。因而训练控制者必须保证训练在日程安排表内或在训练前做必要的调整。

七、评估

评估的主要目标：

- 辨识应急计划/程序中的缺陷
- 辨识培训和人员需要
- 确定设备和资源的充分性
- 确定的训练是否达到预期目标

1. 评估对象

确定评估对象，要求有一定程度的计划和准备，包括评审准备训练的文件和信息。确定评估对象的第一步是审查训练的专项目标。如果目标包括资源分配或交流，准备评估专项条目。评估每项目标的标准应该在训练制定过程中考虑。如果它不能被测定或评估，它不应考虑作为目标。

下一步是审查每个目标下的事件顺序单中的关键事件。负责执行预期行动的组织或个人需要被评估。每项行动的位置和时间也需要辨识评估，并依据这些来确定出足够数量的评估者。评估者必须足够多，以便清楚观察参加者。为了帮助组织评估，应该在训练中使用评估的训练总结单（见表4—3）。这个表格的目的：

表 4—3　　　　　　　　　　评估训练总结单

评估训练总结				
训练目标	预期行动/决策	参加者	位置	时间

（1）概括训练目标。

（2）确定参加者的预期行动。

（3）记录预期行动和实际行动之间的区别。

2. 评估训练

评估训练可分为三个阶段：评估人审查、参加者汇报和训练批评。

（1）评估人审查

评估训练是根据对评估控制者和模拟者的观察，评估人员在一定位置观察和记录参加者的反应，但因为他们不是参加者，他们会在评估中更中立。通过观察参加者在训练中的行动、决策和预期行动进行比较，根据以下做出评估：

1）通过反应有效性，评估程序的充分性。

2）当参加者不能完成任务，或完成任务有困难，或任务很快完成，评估人员的不充分性。

3）通过分析使用手头设备完成任务时经历的问题，评估设备需要。

4）通过分析来判断训练中的错误和执行不利，评估培训的不充分性。

训练刚完成后，评估人意见应该被训练人员审查。任何事件顺序单预期行动与实际训练的参加者反应存在差异的地方，均应该认真检查，以确定是否需要改动计划程序、培训计划或设备。表格上信息和最初人员审查应包括在训练评估报告中，由应急协调员准备。

（2）参加者汇报

许多应急计划的缺陷可通过参加者对训练的立即评论辨识出来，因为评估人不能抓住训练中出现的每个问题。在训练人员指挥下，评估者应该对每个组织进行汇报。当只是小组织参加者，都要进行口头汇报，提出意见。在大组织中，要求书面提出意见。训练本身的意见可告诉参加者及训练管理者。

（3）训练批评

训练评估的不同在于它的目的不是评估应急计划和反应活动，而是要评估训练管理本身。训练批评应该在训练完成之后，立刻发给所有参加者和训练人员，并配上说明。

3. 最后评估报告

应该由训练指挥准备完成最后评估报告，并推荐纠正措施和纠正行动的日程安排。评估的意见应该由来自参加组的适当人员进行编辑和评审。训练计划评估会议应该安排在训练完成后的几天内，讨论这些意见和确定相应纠正措施。训练指挥者应该准备提交最后报告，总结训练结果，包括：

（1）训练总结，包括目的、目标和场景的评论。

（2）重大偏差/缺陷的总结。

（3）建议和纠正措施。

（4）完成这些纠正措施的日程安排。

4. 发布

发布对应急计划中的错误、培训缺陷和设备需要的纠正措施，并由应急协调者负责检测、纠正措施进展。训练完成后会对计划做出调整，应急协调员负责出版和分发所有的变更计划。应急协调者根据年度训练日程安排，考虑训练的循环。根据训练批评的结果，应急协调者应该分析在训练程序中的必要行动，以便改进未来的训练。一旦完成所有的纠正措施，应急协调员要做出最终报告。

第五章

化工企业事故应急响应

第一节　事故应急响应工作程序

　　化工企业生产安全事故应急响应系统是指化学物质在生产环节中出现泄漏、爆炸等事故时，迅速采取正确的紧急反应措施，救治人员，降低财产损失，并做好相应的现场控制及清理和消毒工作等。从广义上来说，化工企业生产安全事故应急响应系统是一个由事前控制、应急响应和事后控制组成的整体。

　　化工企业生产安全事故的应急响应工作是一个复杂的系统工程，每一个环节可能需要牵涉方方面面的政府部门和救援力量。依据属地管理、分级负责的原则，事发地县级以上地方人民政府及其相关部门在事故应急工作中起主导作用。

　　应急响应的主要环节和工作程序为接报、判断、报告、预警、启动应急预案、成立应急指挥部、成立现场指挥部、开展应急处置、应急终止。

一、应急响应工作原则及事故评估程序

1. 化工企业生产安全事故应急响应工作原则

　　(1) 以人为本，减少危害。切实履行政府的社会管理和公共服务职能，把保障公众健康和生命财产安全作为首要任务，最大限度地保障公众健康，保护人民群众生命财产安全。

（2）依法应急，规范处置。依据有关法律和行政法规，加强应急管理，维护公众合法环境权益，使应对化工生产安全事故的工作规范化、制度化、法制化。

（3）统一领导，协调一致。在各级党委、政府的统一领导下，充分发挥环保专业优势，切实履行环保部门工作职责，形成统一指挥、各负其责、协调有序、反应灵敏、运转高效的应急指挥机制。

（4）属地为主，分级响应。坚持属地管理原则，充分发挥基层党委、政府的主导作用，动员乡镇、社区、企事业单位和社会团体的力量，形成上下一致、主从清晰、指导有力、配合密切的应急处置机制。

（5）依靠专家，科学处置。采用先进的监测、预测和应急处置技术及设施，充分发挥专家队伍和专业人员的作用，提高应对的科技水平和指挥能力，避免发生次生、衍生事件，最大限度地消除或减轻化工企业生产安全事故造成的中长期影响。

2. 事故评估程序

经验表明，一个常用表示事故严重程度和迅速传达这种信息给其他人员较实用的方法是应急行动级别（EALs）。应急行动级别是事故不同程度的级别。根据此分级标准，负责人可在特定时刻把事故严重程度转化为相应的 EALs。

一级——预警，这是最低应急级别。根据工厂不同，这种应急行动级别可以是可控制的异常事件或容易被人员控制的事件。根据事故类型，可向外部通报，但不需要援助。

二级——现场应急，这是中间应急级别，包括已经影响工厂的火灾、爆炸或毒物泄漏，但还不会超出厂界。这时需要外部援助。厂外人员像消防、医疗和泄漏控制人员应该立即行动。

三级——全体应急，这是最严重的紧急情况，通常表明事故已经超出了工厂边界。要求外部消防人员控制事故，可决定要求进行安全避难或疏散。同时，也需要医疗和其他机构的人员。

不同于应急行动级别（EALs），核工业应急标准有更详细的分级。

异常事件——这表明有对工厂的潜在危害，但没有发生泄漏或任何其他有重大影响的事件，只需要通报有关信息。

预警——这种情况下，可能对工厂发生实际或潜在的危害。可能发生有毒物质的轻微泄漏，影响很小或没有。需动用反应小组行动，但不是全体应急组织。

现场应急——工厂安全系统不能或不可能处理这种紧急情况。应急反应计划会全面启动。需要通知当地政府，要求其介入。

全面应急——这种情况与EALs的第三级相似。

无论采用什么分级，均有利于根据应急组织机构和资源，对不同级别的事故的反应类型进行标准化。此外，在紧急情况下也可简化和改善通信联络。

与当地官员或其他地方工厂就应急分级进行讨论，达成一致。此外，所有工厂人员都应该知道这种分级方法和它的含义，因为当得知应急时，每个人都可能需要采取行动。

二、报告

1. 生产单位内部的事故报告

《安全生产法》第八十条规定："生产经营单位发生生产安全事故后，事故现场有关人员应当立即报告本单位负责人。"这里的"事故现场"是指事故具体发生地点及事故能够影响和波及的区域。"有关人员"包括事故的负伤者、事故具体发生地点有关人员和事故波及区域的有关人员。"立即报告"是指事故发生后即刻报告，报告可以是直接报告也可以是逐级报告。"本单位负责人"一般是指本单位主要负责人，特殊情况下也可以是本单位的其他负责人。

2. 生产经营单位的事故报告

生产经营单位发生死亡事故后，应当立即如实向负有安全生产监督管理职责的部门报告事故情况，不得隐瞒不报、谎报或者拖延不报。这里讲的负有安全生产监督管理职责的部门是指安全生产综合监督管理部门和有关主管部门，其中，煤矿事故指的是煤矿安全监察机构。

发生重大、特大伤亡事故时生产经营单位应报告以下内容：

(1) 事故发生的单位、时间、地点、类别。

(2) 事故的伤亡情况。

(3) 事故的简要经过，直接原因的初步判断。

(4) 事故后组织抢救、采取的安全措施、事故灾区的控制情况。

(5) 事故的报告单位。

3. 安全生产监督管理部门的事故报告

负有安全生产监督管理职责的部门接到死亡、重大伤亡事故、特大伤亡事故报告后，应当立即报告当地政府，并按系统逐级上报。负有安全生产监督管理职责的部门和有关地方人民政府对事故情况不得隐瞒不报、谎报或者拖延不报。

一般死亡事故在事故发生后的 24 小时内报至省、自治区、直辖市安全生产监督管理部门和有关主管部门。

重大伤亡事故在事故发生后的 24 小时内报至国家安全生产监督管理部门和国务院有关主管部门。

特大伤亡事故在事故发生后的 24 小时内报至所在地的省、自治区、直辖市人民政府和国家安全生产监督管理部门、国务院有关主管部门；省、自治区、直辖市人民政府和国家安全生产监督管理部门（国家煤矿安全监察局）、国务院有关主管部门接到特大伤亡事故报告后，应当立即向国务院做出报告。

×××企业应急报告程序框图如图 5—1 所示。

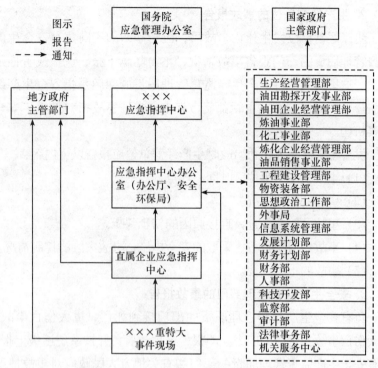

图5—1 ×××企业应急报告程序框图

三、应急响应及处置

1. 预警

按照化工企业生产安全事故严重性、紧急程度和可能波及的范围，化工企业生产安全事故的预警分为四级，特别重大（Ⅰ级）、重大（Ⅱ级）、较大（Ⅲ级）、一般（Ⅳ级），依次用红色、橙色、黄色、蓝色表示。根据事态的发展情况和采取措施的效果，预警级别可以升级、降级或解除。

蓝色预警由县级人民政府发布。

黄色预警由市（地）级人民政府发布。

橙色预警由省级人民政府发布。

红色预警由事发地省级人民政府根据国务院授权发布。

2. 启动应急预案

（1）应急响应级别的确定方法

根据发生事故的特点，在应急响应行动启动之前，应该确定应急响应的级别。在对应急响应级别进行确定过程中，需要考虑两方面的因素，一是事故所造成的现实危险性；二是发生事故的危险单元所具有的物质和能量所能导致的潜在危险性，以便提前采取措施，达到减灾的目的。而直接影响这两方面的因素分别为现场事故特点和危险单元所能造成的潜在影响范围。

应急响应行动打的就是时间战，因此这里对现场事故特点认定主要考虑事故发生的持续时间这个特征参数，一是事故瞬时发生；二是事故发生过程具有一定的持续时间。不同类型事故判断其进一步造成危险的监测参数不同，所需要采取的应急救援程序也不同。瞬时发生事故的应急响应过程主要体现在减灾救灾及对事故现场的调查处理上；而事故发生过程如果具有一定持续时间，就需要对事态进行监测，并尽可能首先控制事态的发展。根据事故持续时间这个特征参数，可将工业事故分为瞬时无毒无火灾爆炸事故和具有一定持续时间的火灾、毒物扩散事故。

确定事故潜在危险性的主要参数是危险源影响范围，用重大危险源死亡半径 R 作为危险源分级标准，分级标准见表5—1。

表5—1　　　　　　　　重大危险源按影响区域分级

重大危险源死亡半径 R（米）	重大危险源固有危险级别
$R \geqslant 200$	一级重大危险源
$100 \leqslant R < 200$	二级重大危险源
$50 \leqslant R < 100$	三级重大危险源
$R < 50$	四级重大危险源

结合重大危险源潜在的危险属性和现实发生事故类型的特点，建立四级应急响应机制，如图 5—2 所示。

图 5—2 矩阵中不同的响应级别所需参加的应急响应机构及采取的应急救援措施有所不同。

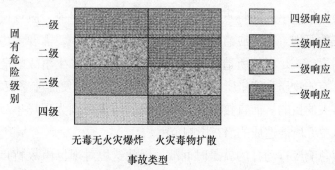

图 5—2 应急响应级别确定矩阵

四级响应：无毒无火灾爆炸，事故瞬时发生，且影响范围较小，应急救援行动主要体现在抢救伤员和现场处理上，需要参与应急救援行动的机构主要为医院、事故监测机构及相关专家组。

三级响应：无毒无火灾爆炸或影响范围较小的火灾、毒物泄漏事故发生，应急救援行动主要体现在抢救伤员、事态控制及现场处理上，需要参与的应急救援机构主要为医院、消防及必要的事态控制机构、事故监测机构及相关专家组，且需要必要的防毒面具等防护装备。

二级响应：影响范围较大的无毒无火灾爆炸或火灾、毒物泄漏事故发生，应急救援行动主要体现在抢救伤员、事态控制、现场处理及必要情况下的疏散安置，需要参与的应急救援机构主要为医院、有特殊消防装备的事态控制人员、事故监测机构及相关专家组，需要大量防毒防火面具等防护装备。

一级响应：具有很大潜在事故影响范围的无毒无火灾爆炸事故或严重的火灾、毒物泄漏事故发生，应急救援行动主要在抢救伤员、事态控制、现场处理和疏散安置，需要参与的应急救援机构及装备主要为医院、消防事态控制机构、事故监测机构、相关专家组、疏散安置车辆及大量防毒防火等防护装备。

当然，在任何级别的应急响应过程中，公安机关的警戒治安，应急救援指挥机构及必要的通讯保障系统都是必需的。

（2）启动应急预案条件

化工企业生产安全事故应急工作坚持属地为主的原则。地方各级人民政府按照有关规定负责本辖区内化工企业生产安全事故的应急工作。

当发布蓝色预警或确认发生一般级别化工企业生产安全事故后，当地县级政府应启动县级化工企业生产安全事故应急预案。

当发布黄色以上级别预警或确认发生较大以上级别化工企业生产安全事故以及一般化工企业生产安全事故产生跨县级行政区域影响时，当地市级政府应启动市级化工企业生产安全事故应急预案。

当发布橙色、红色预警或确认发生重大以上级别化工企业生产安全事故以及较大化工企业生产安全事故产生跨市级行政区域影响时，当地省级政府应启动省级化工企业生产安全事故应急预案。

当发布红色预警或确认发生特别重大化工企业生产安全事故以及发生跨省界、国界化工企业生产安全事故时，应启动国家化工企业生产安全事故应急预案。

（3）启动应急预案方式

当认定为特别重大或有可能发展为特别重大的化工企业生产安全事故，由国家安监总局局长决定启动化工企业生产安全事故应急预案。

当认定为重大或有可能发展为重大的化工企业生产安全事故，发生或有可能发生跨省界、国界污染问题或有国务院领导批示的化工企业生产安全事故，由国家环保部分管领导决定启动化工企业生产安全事故应急预案。

当发生或可能发生化工企业生产安全事故，地方各级人民政府按照分级规定决定启动应急预案。

3. 成立应急指挥部

（1）地方化工企业生产安全事故应急指挥部

地方化工企业生产安全事故应急指挥部是化工企业生产安全事故的领导机构。指挥部一般由县级以上人民政府主要领导担任总指挥，成员由各相关地方人民政府、政府有关部门、企业负责人及专家组成，主要负责化工企业生产安全事故应急工作的组织、协调、指挥和调度。

（2）国家化工企业生产安全事故应急指挥部

应对特别重大化工企业生产安全事故，成立以总局局长为组长，安全监管总局分管调度、应急管理和危险化学品安全监管工作的副局长为副组长，办公厅、政策法规司、安全生产协调司、调度统计司、危险化学品安全监督管理司、应急救援指挥中心、机关服务中心、通信信息中心、化学品登记中心等为成员的应急指挥部（可能发生涉外事务的，国际司司长参加）。

应对重大化工企业生产安全事故或跨省界、国界化工企业生产安全事故，或有国务院领导批办的化工企业生产安全事故，成立以分管总局领导为组长，应急管理和危险化学品安全监管工作的副局长为副组长，办公厅、政策法规司、安全生产协调司、调度统计司、危险化学品安全监督管理司、应急救援指挥中心、机关服务中心、通信信息中心、化学品登记中心等为成员的应急指挥部（可能发生涉外事务的，国际司司长参加）。

应急指挥部下设指导联络组、文件资料组、新闻报道组、现场处置组。

应急指挥部负责组织指挥各成员单位开展化工企业生产安全事故的应急处置工作；设置应急处置现场指挥部；组织有关专家对化工企业生产安全事故应急处置工作提供技术和决策支持；负责确定

向公众发布事件信息的时间和内容；事件终止认定及宣布事件影响
解除。具体负责内容如下：

1）办公厅。负责应急值守，及时向安全监管总局领导报告事故
信息，传达安全监管总局领导关于事故救援工作的批示和意见；向
中央办公厅、国务院办公厅报送《值班信息》，同时抄送国务院有关
部门；接收党中央、国务院领导同志的重要批示、指示，迅速呈报
安全监管总局领导阅批，并负责督办落实；需派工作组前往现场协
助救援和开展事故调查时，及时向国务院有关部门、事发地省级政
府等通报情况，并协调有关事宜。

2）政策法规司。负责事故信息发布工作，与中宣部、中共中央
对外宣传办公室及新华社、人民日报社、中央人民广播电台、中央
电视台等主要新闻媒体联系，协助地方有关部门做好事故现场新闻
发布工作，正确引导媒体和公众舆论。

3）安全生产协调司。根据安全监管总局领导指示和有关规定，
组织协调安全监察专员赶赴事故现场参与事故应急救援和事故调查
处理工作。

4）调度统计司。负责应急值守，接收和处置各地、各部门上报
的事故信息，及时报告安全监管总局领导，同时转送安全监管总局
办公厅和应急指挥中心；按照安全监管总局领导指示，起草事故救
援处理工作指导意见；跟踪、续报事故救援进展情况。

5）危险化学品安全监督管理司。提供事故单位相关信息，参与
事故应急救援和事故调查处理工作。

6）应急指挥中心。按照安全监管总局领导指示和有关规定下达
有关指令，协调指导事故应急救援工作；提出应急救援建议方案，
跟踪事故救援情况，及时向安全监管总局领导报告；协调组织专家
咨询，为应急救援提供技术支持；根据需要，组织、协调调集相关
资源参加救援工作。

7）机关服务中心。负责安全监管总局事故应急处置过程中的后

勤保障工作。

8）通信信息中心。负责保障安全监管总局外网、内网畅通运行，及时通过网站发布事故信息及救援进展情况。

9）化学品登记中心。负责建立化学品基本数据库，为事故救援和调查处理提供相关化学品基本数据与信息。

4. 信息处理

（1）化工企业生产安全事故报告时限和程序

对于重大（Ⅱ级）、特别重大（Ⅰ级）化工企业生产安全事故：

化工企业生产安全事故责任单位和责任人以及负有监管责任的单位发生化工企业生产安全事故后，应在1小时内向所在地县级以上人民政府报告，同时向上一级相关专业主管部门报告，并立即组织进行现场调查。紧急情况下，可以越级上报。

负责确认化工企业生产安全事故的单位，在确认重大（Ⅱ级）化工企业生产安全事故事件后1小时内报告省级相关专业主管部门，特别重大（Ⅰ级）化工企业生产安全事故立即报告国务院相关专业主管部门，并通报其他相关部门。

地方各级人民政府应当在接到报告后1小时内向上一级人民政府报告。省级人民政府在接到报告后1小时内向国务院及国务院有关部门报告。

重大（Ⅱ级）、特别重大（Ⅰ级）化工企业生产安全事故，国务院有关部门应立即向国务院报告。

对于"较大化工企业生产安全事故（Ⅲ级）和一般化工企业生产安全事故（Ⅳ级）"的报告时限可以规定为4小时。

企业化工企业生产安全事故的报告也有相应的规定。如果企业化工企业生产安全事故为重大（Ⅱ级）、特别重大（Ⅰ级）时，应在1小时内向所在地县级以上人民政府报告；为较大化工企业生产安全事故（Ⅲ级）和一般化工企业生产安全事故（Ⅳ级）时，报告时限明确规定为4小时；如事故的性质小于上述事故，企业在事故发生后 48 小时内向当地安监部门报告。

（2）化工企业生产安全事故报告方式与内容

对于重大（Ⅱ级）、特别重大（Ⅰ级）化工企业生产安全事故：

化工企业生产安全事故的报告分为初报、续报和处理结果报告三类。初报从发现事件后起 1 小时内上报；续报在查清有关基本情况后随时上报；处理结果报告在事件处理完毕立即上报。

初报可用电话直接报告，主要内容包括化工企业生产安全事故的类型、发生时间、地点、主要化学品、人员受害情况、环境受害面积及程度、事件潜在的危害程度、转化方式趋向等初步情况。

续报可通过网络或书面报告，在初报的基础上报告有关确切数据，事件发生的原因、过程、进展情况及采取的应急措施等基本情况。

处理结果报告采用书面报告，处理结果报告在初报和续报的基础上，报告处理事件的措施、过程和结果，事件潜在或间接的危害、社会影响、处理后的遗留问题，参加处理工作的有关部门和工作内容，出具有关危害与损失的证明文件等详细情况。

处理结果报告可以规定在应急行动结束后的 15 天内。

（3）化工企业生产安全事故报告时限、程序与内容

化工企业生产发生事故时，及时通报可能受到危害的单位和居民，并在事故发生后 48 小时内向当地安监部门做出事故发生的时间、地点、类型和化学品的种类、数量、经济损失、人员受害及应急措施等情况的初步报告；事故查清后，应当向当地安监部门作出事故发生的原因、过程、危害、采取的措施、处理结果以及事故潜在危害或者间接危害、社会影响、遗留问题和防范措施等情况的书面报告，并附有关证明文件。

如果企业、事业单位能确认事故的级别，应按规定的时限进行报告。

5. 信息通报与发布

(1) 信息通报

1) 特别重大和重大化工企业生产安全事故（Ⅰ级，Ⅱ级）发生的省（区、市）人民政府相关部门在应急响应的同时，应当及时向毗邻和可能波及的省（区、市）相关部门通报化工企业生产安全事故的情况。

2) 接到特别重大和重大化工企业生产安全事故（Ⅰ级，Ⅱ级）通报的省（区、市）人民政府相关部门应当视情况及时通知本行政区域内有关部门采取必要措施，并向本级人民政府报告。

3) 按照国务院的指示及时向国务院有关部门和各省、自治区、直辖市人民政府安监部门以及军队有关部门通报特别重大化工企业生产安全事故（Ⅰ级）的情况。

4) 县级以上地方人民政府有关部门对已经发生的化工企业生产安全事故或者发现可能引发化工企业生产安全事故的情形时，及时向同级人民政府安监行政主管部门通报。

5) 发生化工企业生产安全事故有关单位应及时向毗邻单位和可能波及范围内的敏感点通报，并向所在地县级以上环境保护行政主管部门和有关主管部门报告。

(2) 信息发布

化工企业生产安全事故应急指挥部负责化工企业生产安全事故信息的对外统一发布工作。信息发布要及时、准确，正确引导社会舆论。对于较为复杂的事故，可分阶段发布。必要时，由宣传部门负责协调化工企业生产安全事故信息的对外统一发布工作。

中共中央对外宣传办公室组织协调特别重大化工企业生产安全事故信息的对外统一发布工作，有关类别化工企业生产安全事故专业主管部门负责提供化工企业生产安全事故的有关信息。

化工企业生产安全事故发生后，要及时发布准确、权威的信息，正确引导社会舆论。对于较为复杂的事故，可分阶段发布，先简要发布基本事实。对于一般性事故，主动配合新闻宣传部门，对灾害造成的直接经济损失数字的发布应征求评估部门的意见。对影响重大的突发事故处理结果，根据需要及时发布。

化工企业生产安全事故发生后，应确定专人负责对新闻稿进行认真审核。

对重大化工企业生产安全事故，要及时发布准确、权威的信息，正确引导社会舆论。

对于较为复杂的事故，可分阶段发布。先简要发布基本事实，正确引导舆论。

对于一般性事故，主动配合新闻宣传部门，对新闻报道提出建议，对灾害造成的直接经济损失数字的发布，应征求评估部门的意见。

对影响重大的突发事件处理结果，根据需要及时发布。

对于重大化工企业生产安全事故（Ⅱ级）、较大化工企业生产安全事故（Ⅲ级）和一般化工企业生产安全事故（Ⅳ级）可分别由省、市、县地方政府发布。

6. 事态监测与发展预测程序

根据化工企业生产安全事故的类型，采用先进的监测设备进行事故现场参数的监测，同时采用科学的事故影响范围模拟技术，进行事故影响范围的模拟，便于为应急指挥的各个方面（包括警戒治安、疏散范围、安置区域的选择）提供必要的依据，事态监测要贯穿整个应急救援行动的全过程。

在监测到现场参数的基础上，需要对该事故对周围危险源的影响状况进行分析，判断该事故的发生是否会诱发多米诺骨牌效应，从而对事故现场二次事故的发生做出预测。相关研究表明：0.7 atm 的超压所产生的冲击波就可以破坏掉整个单元；热载荷达到 37 kW/m² 时，就足以导致设备失效。以此条件作为对事故现场是否会发生二次事故的临界载荷，在预测过程中只需要确定达到该临界载荷的位置，然后看该范围之内是否存在其他危险源和较大的人员密度和财产密度，以便于提前采取救援及疏散行动。

毒物扩散事故不会造成二次事故的发生，但毒物浓度不同，对人的影响和伤害程度也不同，因此，这里按照毒物浓度所能导致的三种不同伤害情况，将毒物浓度分为三个临界值，根据这三个浓度标准，便于进行应急响应过程中区域的划分。按照对人员伤害程度从重到轻的划分，见表 5—2。

表 5—2　　　事故现场毒物浓度的三个临界标准划分依据

级别	选用标准
一级	美国职业安全健康局（National Institute for Occupation Safetyand Health, USA）推荐的立即危及生命或健康的浓度（Immediately Dangerousto Life or Health Concentrations，IDLH）
二级	美国政府工业卫生工作者会议（American Conference of Governmental Indus-trial Hygienists，ACGIH）推荐的短时暴露极限值（Short Time Exposure Lim-it，STEL）
三级	《工作场所有害因素职业接触限值第 1 部分：化学有害因素》（GBZ 2.1—2007）中时间加权平均容许浓度（PC-TWA）、最高容许浓度（MAC）、短时间接触容许浓度（PC-STEL）

7. 避难方式选择程序

重大事故发生后，危险区域内的受灾人员通常有两种避难方式：就地避难和疏散。就地避难是指受灾人员在危险区域内的避难空间进行避难的方式。疏散是指危险区域内的人员撤离危险区域到达安全地带的避难方式。

根据现场监测装备的不同，有两种避难方式的选择方法，分别是避难方式决策矩阵和根据直观监测参数确定避难方式。

（1）建立选择避难方式的决策矩阵

若应急装备比较齐备，可在事故现场根据事态的发展取得实时的现场参数，可以采用避难方式决策矩阵来确定避难方式。综合考虑现场毒物浓度和疏散时间这两种因素，得到选择避难方式的决策矩阵，如图5—3所示。

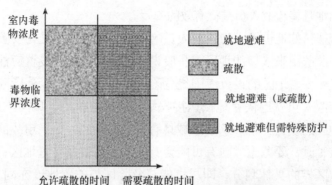

图 5—3　选择避难方式的决策矩阵

（2）根据现场参数直观确定

若应急装备足够齐备，可以根据事故发生的表面特征直观确定避难方式。确定避难方式的标准见表5—3。

表 5—3　　　　　　　　　　避难方式确定标准

就地避难	疏散
物品从设备中一次或全部泄漏	大量物品长时间的泄漏
蒸汽云迅速移动、扩散	设备有进一步失效的可能
天气状况促进气体快速扩散	避难保护不够充分
泄漏容易控制	持续火灾伴有毒烟
没有爆炸性或易燃性气体存在	天气状况不利于蒸汽快速扩散

通过分析可以看出：如果从化工厂和重大事故救援主管部门角度出发，对重大危险源可能导致的重大事故后果估计准确，准备充分，就可以将事故对人员的伤害降到很低，同时不必出动过多的人力和物力。

8. 人员安置程序

重大事故发生后采取的疏散行动必须考虑疏散的目的地设置与

疏散人员的安置问题。由于发生重大事故时，尤其当事故后疏散人员不能立即返回，且疏散涉及的人员数量多时，必须选择适当的疏散目的地且将疏散人员进行有效的安置。

疏散目的地也可成为疏散人员的安置地区，是接受与安置从危险区中疏散出来人口的地区。一般说来，安置地区的设置应注意以下三点：安置地区的设置应围绕危险区呈离散分布，以使危险区域内的疏散人员就近快速地抵达接收站，但危险源的下风向不适宜；安置地区的设置应距离危险区域具有一定的距离，如果事故的持续时间较长时，要考虑风向有可能会有所改变而波及安置地区；应考虑行政区界的具体划分，即尽可能将危险区与安置地设在同一区、市、省或国家内。

四、应急终止

1. 应急终止的条件

符合下列条件之一的，即满足应急终止条件：

（1）事故现场得到控制，事故条件已经消除。

（2）危险源的泄漏或释放已降至规定限值以内。

（3）事故所造成的危害已经被彻底消除，无继发可能。

（4）事故现场的各种专业应急处置行动已无继续的必要。

（5）采取了必要的防护措施以保护公众免受再次危害，并使事故可能引起的中长期影响趋于合理且尽量低的水平。

2. 应急终止的程序

（1）现场救援指挥部确认终止时机，或由事故责任单位提出，经现场救援指挥部批准。

（2）现场救援指挥部向所属各专业应急救援队伍下达应急终止命令。

（3）应急状态终止后，相关类别危险化学品事故专业应急指挥部应根据国务院有关指示和实际情况，继续进行环境监测和评价工作，直至其他补救措施无须继续进行为止。

3. 应急终止后的行动

（1）化工企业生产安全事故应急指挥部指导有关部门及危险化学品事故单位查找事故原因，防止类似问题的重复出现。

（2）有关化工企业生产安全事故专业主管部门负责编制特别重大、重大化工企业生产安全事故总结报告，于应急终止后上报。

（3）应急过程评价。特别重大、重大化工企业生产安全事故的应急过程评价由安监总局组织有关专家，会同事发地省级人民政府组织实施。其他化工企业生产安全事故由当地政府负责组织实施。

（4）根据实践经验，有关类别化工企业生产安全事故专业主管部门负责组织对应急预案进行评估，并及时修订化工企业生产安全事故应急预案。

（5）参加应急行动的部门负责组织、指导化工企业生产安全事故应急队伍维护、保养应急仪器设备，使之始终保持良好的技术状态。

第二节　安全事故分级

一、事故的分级及其依据

应急救援准备阶段的第一步是确认可信事故，即在紧急情况中最可能发生的严重事故。辨认可信事故是风险分析的一部分，风险分析可以优先评估风险特点。对现场工艺的危险分析，可以找到大量的潜在事故。充分研究可信事故情节，找出关键环节，采取减小风险的措施。由于人们的注意力集中在保证应急反应上，针对不同的事故情节，应急计划要有所区别和选择。

除了辨识可信事故之外，应急反应计划的制订者必须确定事故后果的类型和程度，确定在应急反应计划中最有用的环节。

化工生产中，人们通常定义三个级别的事故。

1. 局部事故

局部影响地区，限制在单独的装置区域（如泵的火灾、小的毒性泄漏）。

2. 重大事故

中等影响地区，限制在现场周边地区（如大型火灾、小型爆炸）。

3. 灾难性事故

大面积的影响地区，影响事故现场之外的周围地区（如大型爆炸、大型毒物泄漏）。

灾难性事故为特大事故或有重大影响的事故，它们能被进一步分为最严重可能事故和最严重可信事故。最严重可能事故（worst possible incident）指有可能的最大后果的事故；最严重可信事故（worst credible incident）指有理由相信的最大后果的事故。

最严重可能事故是应急计划中最容易涉及并且容易引发争论的问题，通常假定为容器的瞬时泄漏和化学品的释放。可用扩散、火灾和爆炸模型计算生命、财产等种种损失的数量和结果。但是，把预防和准备的重点只放在这类事故上是不够的。

尽管最严重可能事故被认为是最容易决策和评估的，但通常也是最不可能发生的。对于这种最严重可能事故，要求每个操作和控制阶段的设计中都要有很好的工艺安全管理系统。在严重危害情况下，通常有多重的保护层来对付总的失控，如设计安全因素、材料选择、腐蚀防护、建筑质量保证、阶段性检查和测试、超压释放、使用仪器和警报等。这些管理和其他的管理控制能使总失误的可能性变小或事故不发生。如果这些事故不再可信，那么要通过转移可能性大的事故的资源来增加其预防作用。

制订应急计划时，大多数风险管理的专业人员和政府权威认为最严重可信事故在应急计划中更有价值，把重点放在最严重可信事故上能减少更大的风险，并认为最严重可能事故可能从高风险的情况下分散人员注意力和应急资源。有效的应急反应可以提供更多的保护来防止小事故变成灾害。

2002 年 9 月，国家安全生产监督管理局组织对《特别重大事故调查程序暂行规定》（国务院令 34 号）、《企业职工伤亡事故报告和处理规定》（国务院令 75 号）进行了修订，将两令合并修订为《伤亡事故报告和调查处理条例》。2007 年 3 月 28 日国务院第 172 次常务会议通过，自 2007 年 6 月 1 日起正式施行的《生产安全事故和报告调查处理报告》替代以上各条例，规定：

根据生产安全事故（以下简称事故）造成的人员伤亡或者直接经济损失，事故一般分为以下等级：

（1）特别重大事故，是指造成 30 人以上死亡，或者 100 人以上重伤（包括急性工业中毒，下同），或者 1 亿元以上直接经济损失的事故。

（2）重大事故，是指造成 10 人以上 30 人以下死亡，或者 50 人以上 100 人以下重伤，或者 5 000 万元以上 1 亿元以下直接经济损失的事故。

（3）较大事故，是指造成 3 人以上 10 人以下死亡，或者 10 人以上 50 人以下重伤，或者 1 000 万元以上 5 000 万元以下直接经济损失的事故。

（4）一般事故，是指造成 3 人以下死亡，或者 10 人以下重伤，或者 1 000 万元以下直接经济损失的事故。

以上对事故的分类方法主要基于事故的直接后果，但对一个化学工业区来说，最关键的是要区分事故的影响范围（如毒气泄漏）和需要调用的应急资源。例如，上海市根据化学工业区的经验将园区可能发生的事故按照其影响范围划分成如下四级：

A 级——企业内装置单元级事故出现在企业的某个生产单元，影响到局部地区，但限制在单独的装置区域。

B 级——企业生产区级事故限制在企业内的现场周边地区，影响到相邻的生产单元。

C 级——化学工业区级事故超出了一个企业的范围，临近的企业受到影响，或者产生连锁反应，影响事故现场之外的周围地区。

D 级——化学工业区外级事故超出了化学工业区的范围，出现大面积的影响地区，波及化学工业区外的生活或生产区域。

二、事故级别可能出现的转化

发生紧急情况时，很少只发生一个事故，通常会有各种情况和中间事故发生，出现次生事故或衍生事故，甚至带来一系列的连锁反应。要全面辨识所有可能的原因事件、中间事件和潜在事故是不可能的。如果把由于有毒和易燃物质的泄漏、火灾和爆炸所导致的各种潜在事故情况等因素都考虑到就会很复杂，会干扰事故预防和制订计划。风险分析中正确的方法是确定那些看来最可能发生的事故。把典型的情形用失效的程度和潜在中间事件的序列及应急事件来表示，如泵的密封泄漏，泄漏范围可能从很小的泄漏到每分钟泄漏几升，泄漏液体会加速对该区域的污染。这就要求分析应集中在严重的潜在事故后果上，这样就会出现事故级别的变化。

因此，无论从发生事故的可能出现的潜在后果，或者由于应急救援活动采取了不当的措施，都会出现事故级别扩大的情况出现，这是应急救援决策层所要重点考虑的。

三、现场分级的管理

根据化学工业区事故发生的级别不同，确定不同级别的现场负责人，进行指挥应急救援和人员疏散安置等工作。

1. A 级——企业内装置单元级/一般灾害事故

一般灾害事故是指对化学工业区内某企业内某套装置或产品车间范围的生产安全和人员安全造成较小危害或威胁，由企业自主进行处置的灾害事故。一般灾害事故发生后，相应发布 A 级警报，由企业自主决定。

（1）指挥调度程序。当发生一般灾害事故时，企业必须立即按预案进行处置，并向化学工业区应急响应中心报告。化学工业区应急响应中心接报后，通知消防或公安、医疗方面的应急人员做好应急准备。

（2）信息上报程序。当企业进行应急处置时，必须将现场情况报告应急响应中心，并在处置结束后，将情况汇总于 1 小时内报化学工业区应急响应中心，由应急响应中心综合上报管委会领导。

（3）处置流程。当发生一般灾害事故时，原则上由企业自行处置，由应急响应中心视情况通知有关应急力量待命。

2. B 级——企业生产区级/较大灾害事故

较大灾害事故是指对化学工业区某个企业内生产安全和人员安全造成较大危害或威胁，造成或者可能造成人员伤亡、财产损失，需要调度化学工业区内相关力量协助企业进行应急处置的灾害事故。较大灾害事故发生后，相应发布 B 级警报，由企业自主决定，并报应急响应中心备案。

（1）指挥调度程序。当发生较大灾害事故时，企业必须立即按预案进行处置，在第一时间内向化学工业区应急响应中心报警。应急响应中心接警后，视情况派出消防或公安、医疗等方面的人员赶赴现场，并向管委会和市应急联动中心报告。

（2）信息上报程序。当企业进行应急处置和区内应急力量到达现场后，都要迅速将现场情况报告化学工业区应急响应中心，并视情况做出续报。处置结束时，将情况汇总于 4 小时之内上报化学工业区应急响应中心，由应急响应中心综合各类信息上报管委会领导和市应急联动中心。

(3)处置流程。当发生较大灾害事故时,由企业应急力量予以先期处置,化学工业区应急响应中心派出应急力量到达现场后,协助企业处置事故。

3. C级——化学工业区级/重大灾害事故

重大灾害事故是指对化学工业区内企业的生产安全和人员安全造成重大危害或威胁,严重影响邻近企业的生产安全和人员安全,造成或者可能造成人员伤亡、财产损失,需要调度区内和周边地区的力量和资源进行应急处置的灾害事故。重大灾害事故发生后,相应发布C级警报,由应急响应中心报请管委会领导决定。

(1)指挥调度程序。当发生重大灾害事故时,企业必须立即按预案进行处置,在第一时间内向应急响应中心报警,并积极组织相关人员紧急处置。应急响应中心接警后,迅速派出区内消防、公安、医疗等方面的人员赶赴现场,并立即通知化学工业区内的所有企业紧急做好安全防护工作;急邀化学工业区应急处置专家指导委员会成员到应急响应中心开会,研讨对策;同时向市应急联动中心报告,由市应急联动中心调度区外周边地区的力量和资源进行应急救援。

(2)信息上报程序。当化学工业区内各专业应急处置力量到达现场后,要将各自了解的情况迅速报告本部门领导和应急响应中心,并将处置情况做出续报。在设立现场指挥部后,各专业应急力量的处置情况一律报告现场指挥部及指挥长,由现场指挥部综合信息报告应急响应中心,应急响应中心及时不断地将信息报告市应急联动中心。处置结束时,各专业应急处置力量将情况汇总于3小时之内上报应急响应中心,由应急响应中心综合各类信息上报管委会领导和市应急联动中心。

(3)处置流程。当发生重大灾害事故时,由企业应急力量予以先期处置。化学工业区应急响应中心派出应急力量到达现场后,与企业共同处置事故。同时,及时开设现场指挥部,各应急力量一律服从现场指挥部的统一指挥。现场指挥部接受化学工业区应急处置指挥部的领导，应急处置指挥部设在应急响应中心内，重大决策由总指挥或常务副总指挥决定。

4.D级——化学工业区外级/特大灾害事故

特大灾害事故是指对化学工业区内企业的生产安全和人员安全造成重大危害或威胁，影响区域波及化学工业区域内外，造成或者可能造成人员伤亡、财产损失，需要统一组织、调度全市相关公共资源和力量进行应急联动处置的灾害事故。特大灾害事故发生后，相应发布D级警报，由化学工业区应急响应中心报请管委会领导决定，并报市应急联动中心备案。

（1）指挥调度程序。当发生特大灾害事故时，企业必须立即按预案进行处理，在第一时间内向化学工业区应急响应中心报警，并积极组织相关人员紧急处置。应急响应中心接警后，迅速调动区内所有应急力量赶赴现场，并通知化学工业区内所有企业以及周边地区政府部门，紧急做好安全防护工作；急邀化学工业区应急处置专家指导委员会成员到应急响应中心开会，研讨对策；同时向市应急联动中心报告，由市应急联动中心调度全市相关公共资源和力量进行处置。

（2）信息上报程序。当化学工业区内各专业应急处置力量到达现场后，要将各自了解的情况迅速报告化学工业区应急响应中心，并将处置情况做出续报。在设立现场指挥部后，各专业应急力量的处置情况一律报告现场指挥部及指挥长，由现场指挥部统一报化学工业区应急响应中心。在全市相关应急处置力量陆续到达现场后，开设总指挥部，应急响应中心负责将各类信息及时报告管委会领导和市应急联动中心，为领导决策提供技术支持。处置结束时，区内各专业应急力量将情况汇总于2小时之内上报应急响应中心，由应急响应中心分别上报管委会领导和市应急联动中心。

（3）处置流程。当发生特大灾害事故时，由企业应急力量予以先期处置。化学工业区应急响应中心派出应急力量到达现场后，与企业共同处置事故。同时，及时开设现场指挥部，各应急力量一律服从现场指挥部的统一指挥。当全市各应急力量相继到场后，在应急响应中心设立总指挥部，由市有关方面领导、管委会领导组成，重大决策由总指挥部决定，由市有关专家和化学工业区应急处置专家指导委员会成员提供技术支持。

第三节　事故应急行动

一、现场应急对策的确定和执行程序

应急队员赶到事故现场后首先要确定应急对策，即应急行动方案，正确的应急行动对策不仅能够使行动达到预期的目的，保证应急行动的有效性，而且可以避免和减少应急队员的自身所受无谓的伤害。

1. 初始评估

事故应急的第一步工作是对事故情况的初始评估，它描述了最初应急者在事故发生后几分钟里对现场情况的观察，包括事故范围和扩展的潜在可能性、人员伤亡、财产损失等情况，以及是否需要外界援助。

（1）LOCATE 因素分析。它描述了在初始评价阶段需要考虑的问题。

Life 生命：危险区人员以及如何保护应急者、雇员和邻居；Occupancy 占据：事故波及与破坏车辆、储槽、管道和其他设备；Construction 建筑：结构尺寸、高度和类型；Area 附近区域：在直接区域和周边区域需要的保护；Time 时间：日期，季节，火灾燃烧泄漏持续时间,到行动之前有多长时间;Exposure 暴露:在灾害中什么需要保护?如人员、建筑、附近区域、环境。

(2) 另一种是 DECIDE 初始评估法。Detect 探察何种危险物质的存在;Estimate 估计在各种情况下的危害;Choose 选择应急的目标;Identify 确定行动;Do 做最好的选择;Evaluate 评价进展。

处理危险物质泄漏引发的事故的关键是辨识引发事故的物质。初始评估的事故指挥者 (IC) 要和操作人员交流,以确定所包含的物质和识别事故发生的原因。掌握事故的原因有助于应急小组减轻事故后果。

2. 危险物质的探察

危险物质的探察实际上是对事故及事故起因的探察。第一种方法是由两个人组成的小组在远离(在逆风向的较高位置,并且确保他们不会接触危险物质)事故现场的地方测定发生的事故的物质;第二种方法可能更危险些,要求两名应急人员组成的小组,到事故区域进行状况评估,此时应急人员要穿上高级化学保护衣服 (CPC)。当可获得事故数据时,要考虑:

- 所涉及物质的类型和特征
- 泄漏、反应、燃烧的数量
- 密闭系统的状况
- 控制系统的控制水平和转换、处理、中和的能力

3. 建立现场工作区域

在初始评估阶段另一项重要的任务是建立一个现场工作区域,这个区域明确规定了特殊人员可以在哪里进行工作。

在初始评价阶段确定工作区域时,主要根据事故的危害、天气条件(特别是风向)和位置(工作区域和人员位置要高于事故地点)。在设立工作区域时,要确保有足够的空间。

要为危险物质事故设立的三种工作区域:危险区域(热区域);缓冲区域(温和区域);安全区域(冷区域)。

危险区域（热区域）是把一般人员排除在外的区域，是事故发生的地方。它的范围取决于泄漏的范围以及清除行动的执行。还应设定一个可以在紧急情况下得到后援人员帮助的紧急入口。

环绕危险区域（热区域）的是缓冲区域（温和区域），也是进行净化和限制通过的区域。这是热区域和冷区域的缓冲区域，在这里污染将会受到净化，称为入口通道。根据现场的实际情况，净化过程可以是简单的，也可以是非常复杂的多重步骤。

第三个区域是安全区域（冷区域，也叫支持区域），这个区域是指挥和整备区域。它必须是安全的，只有应急人员和必要的专家能在这个区域。

限制区域的大小、地点、范围将依赖于泄漏或事故的类型、污染物的特性、天气、地形、地势和其他的因素。在现场实时的观察、仪器的读数、多方面的参考资料决定受控制区域的大小和程度。

其他的控制区域可由现场内和现场外的防护区域组成，如疏散区域和掩体。设备应急计划应该包括决定疏散或进入掩体的原则。经过授权进行防护性行动的人员必须要对他们的任务和处理的手段有过很好的培训。特殊行动和修改或扩大保护性行动必须要最终归于应急指挥者。

4. 应急行动的优先原则

应急行动的优先原则：

- 雇员和消防人员的安全优先
- 防止蔓延优先
- 保护环境优先

5. 人员查点和集合区

大型应急可能要求所有工厂人员进行防护行动。因而无论采取什么行动，不能使任何人被遗漏，在应急时要进行人员查点。

工厂每个单元或建筑应该派有疏散监督管理员，他们应该指挥关闭所有设备、机械、空调和通风系统。当决定放弃单元或建筑时，他们应该保证没有遗漏的人员。在这种事故时，他们应该检查所有房屋（包括可能遗漏区域如厕所），引导员工到集合点。

许多非反应人员的集合点应该预先指定，选择的地点应使他们受到的紧急影响最小。天气条件特别是风向将确定最合适的逃跑路线。如果可能发生毒物泄漏的危险，应该设置专用防气居住屋作为避难所，指定集合点。

6. 确定重点保护区域

使用后果模型系统和暴露水平指南，IC 能够估计受到影响的区域，在这个区域内要考虑：

- 人员的暴露
- 事故现场内的重要系统
- 环境
- 财产
- 关键的现场外的系统
- 应急队的工作区域

7. 隔离、疏散

（1）建立警戒区域

事故发生后，应根据化学品泄漏扩散的情况或火焰热辐射所涉及的范围建立警戒区，并在通往事故现场的主要干道上实行交通管制。建立警戒区域时应注意以下几项：

1）警戒区域的边界应设警示标志，并有专人警戒。

2）除消防、应急处理人员以及必须坚守岗位的人员外，其他人员禁止进入警戒区。

3）泄漏溢出的化学品为易燃品时，区域内应严禁火种。

（2）紧急疏散

迅速将警戒区及污染区内与事故应急处理无关的人员撤离，以减少不必要的人员伤亡。

8. 防护

根据事故物质的毒性及划定的危险区域，确定相应的防护等级，并根据防护等级按标准配备相应的防护器具。防护等级划分标准见表5—4，防护标准见表5—5。

表5—4 防护等级划分标准

毒性＼危险区	重度危险区	中度危险区	轻度危险区
剧毒	一级	一级	二级
高毒	一级	一级	二级
中毒	一级	二级	二级
低毒	二级	三级	三级
微毒	二级	三级	三级

表5—5 防护标准

级别	形式	防化服	防护服	防护面具
一级	全身	内置式重型防化服	全棉防静电内外衣	正压式空气呼吸器或全防型滤毒罐
二级	全身	封闭式防化服	全棉防静电内外衣	正压式空气呼吸器或全防型滤毒罐
三级	呼吸	简易防化服	战斗服	简易滤毒罐、面罩或口罩、毛巾等防护器材

9. 询情和侦检

（1）询问遇险人员情况，容器储量、泄漏量、泄漏时间、部位、形式、扩散范围，周边单位、居民、地形、电源、火源等情况，消防设施、工艺措施、到场人员处置意见。

（2）使用检测仪器测定泄漏物质、浓度、扩散范围。

（3）确认设施、建（构）筑物险情及可能引发爆炸燃烧的各种危险源，确认消防设施运行情况。

10. 现场急救

在事故现场，化学品对人体可能造成的伤害为中毒、窒息、冻伤、化学灼伤、烧伤等。进行急救时，不论患者还是救援人员都需要进行适当的防护。

(1) 现场急救注意事项

1) 选择有利地形设置急救点。

2) 做好自身及伤病员的个体防护。

3) 防止发生继发性损害。

4) 应至少 2～3 人为一组集体行动，以便相互照应。

5) 所用的救援器材需具备防爆功能。

(2) 现场处理

1) 迅速将患者带离现场至空气新鲜处。

2) 呼吸困难时给氧，呼吸停止时立即进行人工呼吸，心脏骤停时立即进行心脏按压。

3) 皮肤污染时，脱去污染的衣服，用流动清水冲洗，冲洗要及时、彻底、反复多次；头面部灼伤时，要注意眼、耳、鼻、口腔的清洗。

4) 当人员发生冻伤时，应迅速复温，复温的方法是采用 40～42℃恒温热水浸泡，使其温度提高至接近正常，在对冻伤的部位进行轻柔按摩时，应注意不要将伤处的皮肤擦破，以防感染。

5) 当人员发生烧伤时，应迅速将患者衣服脱去，用流动清水冲洗降温，用清洁布覆盖创伤面，避免伤口感染，不要任意把水疱弄破，患者口渴时，可适量饮水或含盐饮料。

6) 使用特效药物治疗，对症治疗，严重者送医院观察治疗。

11. 搜索和营救行动

搜索和营救行动通常由消防公司执行。如果人员陷入危险或受伤，或人员失踪或困在建筑和单元中，就需要启动搜索和营救行动。

进行营救行动的人员应该穿戴防止相关危险的防护服。营救人员应成队工作，应该配备自持式呼吸器和启动通风设施以部分消除热、气体和烟。内部营救常要求移动受害者身体，因为他们可能已经让烟或气体熏倒昏迷。这种行动大多需要小队联合行动，也可能要求其他小队提供水喷淋掩护，以减少热影响和驱散气体。在行动过程中随时进行通信联络是绝对必要的。此外，在进行营救行动前或过程中，需要实施防护行动如切断动力、单元隔离或灭火。

12. 应急行动的支援

支援行动是当实施应急反应计划时，需要援助主要事故反应行动和防护行动的行动。这种活动可以包括对伤员的医疗救治，建立临时区以组织外部资源调入，与邻近工厂的互助小队和当地反应机构协调，提供疏散人员的社会服务、执法，恢复工厂重新入驻和在应急结束后的服务恢复。

（1）医疗救治

许多反应组织可提供应急医疗救治和医疗援助。最有效应急医疗救治组织有两个主要特点：介入的迅速性和与介入单位之间的协调。所以负责控制事故应急反应人员必须熟悉最基本的急救技术。

介入的协调要求初步调查资源类型和组织介入方案，迅速把伤员从事故现场转移到临时区域，他们可在那里得到充分医疗救治。医疗救治功能也要求与当地医院的初期协调。医疗功能的职责就是达到这些目的。

（2）临时区行动

临时区是应急反应活动后勤运作的活动区域，临时区不应该离事故现场太远，当然也要考虑安全。区域应该有充足的车位，保证应急车辆自由移动。区域可位于应急运转中心附近，如果通信良好也可设在其他地方。

临时区的一个重要任务是保存物资清单，包括收到什么，发放给反应人员什么。工厂应急总协调员必须知道现有物资、设备和需求，这样可及时提出申请。

临时区也可以用于接收伤员、管理急救和安排伤员转入待用救护车。在发生严重事故时，临时区可以作为临时停尸所。

清除污染也是临时区任务的一部分，清污场所也可能处于其他位置。清毒要求反应人员进入清理区前对他们的防护设备进行消毒，放入塑料容器内，可以擦洗防护设备和进行人员清洁。

（3）互助和外部机构活动协调

附近工厂经常是拥有技术、人员、物资和设备的另一个资源。在紧急情况时，这些外部资源介入的协调应该分派给工厂指定功能执行。如果合作协议已经签订，临时操作可大大简化。

（4）执法和社会服务

应急时工厂区的执法主要是保安和当地公安部门的责任。全体应急时，当地警方有指挥疏散和在疏散区执法（防止抢劫）的任务。

社会服务（如对事故受害者的家属的援助或对疏散者的帮助）应该在当局的直接指挥下进行。

（5）恢复、工厂重新入驻和服务恢复

从应急到恢复和重新进入工厂，专门程序几乎不能提供，因为这需要根据事故类型和损害的严重程度，具体问题具体解决。一些总体的程序可包括如下内容：

- 组织小队进入
- 调查损坏区域
- 宣布应急结束
- 让人员和社区知道"全部清除"
- 选定应该汇报工作的员工并通知他们
- 开始对事故原因调查
- 评价工厂损失
- 转移必要操作到其他位置
- 清除损坏区域
- 恢复损坏区的水、电等供应

- 清除废墟
- 抢救被应急事故损坏的物资和设备
- 恢复被紧急事故影响的工厂部分
- 确定职责，解决可能的保险和损坏赔偿

当应急结束，工厂应急总协调员应该委派小队重新入驻，负责调查重大破坏地区和保证恢复操作的安全。

进入现场小队通知工厂应急总协调员，他会决定应急是否结束。适当时候，工厂应急总协调员最后发出"全部清除"指示，使用应急通信线路通知应急人员。如果是小型应急事故，就可以指示工厂人员重新进入建筑或工厂单元，并恢复正常操作。如果是重大紧急情况，应急管理小队很可能决定不允许大多数员工进入。

事故调查应该尽早进行，这有利于收集不受干扰的证据和在记忆仍清晰时采访当事人。这可能需要专家介入，厂家没有专家时必须聘请。初步调查可以由工厂技术人员进行，特别是使用具有技术功能的专业技术。

在严重事故情况下，各种调查小组可以由公司和地方政府联合机构委派。这种调查要求广泛查证，调查设备失效原因，评价应急反应正确性，进行实验测定，采访有关人员。完整的调查需要花费很长时间。同时，另一组专家可以开始对破坏情况进行评价。

相对较轻的应急情况如小火，可能影响全厂，如对一个单元的严重破坏，可能影响许多单元的正常生产。这种情况下，工厂管理人员应该立即把原来在破坏单元的操作转移到另一地方或临时换到其他办公室。

如果事故中有有毒或易燃物质，清理工作必须在其他恢复工作之前进行。消除污染可包括建立临时净化单元（如洗池），用于清除场所内所有有毒物质和进行使用前的处理。因为由事故直接造成的或者进行应急操作时（如消防用水，如果污染水流失没有存留和回收）造成的土壤污染可能已经发生。同时，水、电供应可能在事故影响区开始恢复，可是这种服务的恢复只有在对工厂彻底检查之后才能开始，以保证不会产生新危险。

通常可雇佣承约人执行清理工作的操作，他们要与维修、技术和工程部门紧密合作。应指定专门区域临时储存碎片和被破坏设备，直到保险公司进行准确评价完成之后再清除。

所有这些工作的最终目的是恢复到工厂的原有状况或更好，所需时间进程、费用和劳力与事故的严重程度有关。从事故中吸取教训是极为重要的，包括重新安装防止类似事故发生的装置。这时也是审查应急反应计划，包括实行的方法和它在控制事故中的有效性的最佳时间。通过加入新的内容，改善原计划。事故后果也包括确定事故责任和解决所有赔偿，包括保险公司、事故受害者、要求赔偿人。这些事物会由公司内相关部门（如人事部门和法律部门）来处理。

二、紧急疏散

重大事故发生后危险区域内人员恰当地避难或应急疏散，是防止和减少事故人员伤亡的重要措施。例如，1976 年发生的意大利塞韦索（Seveso）的环己烷泄漏事故，应急疏散了 22 万人；1979 年我国南方某电化厂发生的液氯钢瓶爆炸事故，应急疏散 6 万人；1984 年墨西哥城液化天然气储罐爆炸事故，应急疏散 35 万人；2003 年 12 月 23 日重庆市开县高桥镇的川东北气矿发生天然气井喷事故，紧急疏散 3 万余群众；2005 年 3 月 29 日江苏省淮安重大液氯泄漏交通事故，近万人紧急疏散，由于各种原因死亡 27 人。

在事故发生后很短的时间内，能够准确地确定危险区域人员的避难方式并将需要进行疏散的群众或工业园区的员工从危险区域疏散到安全区域，是一项十分复杂的工作，应该事先做好应急避难及疏散计划。

避难计划就是指重大事故发生后，受灾区域内人员采取的避难措施，危险区域内的人员应疏散或者寻找避难室进行"就地"避难。

对于避难方式的选择，不同国家有不同的规则。美国大部分地区采取对危险区域内的人员全部进行疏散的方式；而欧洲国家则相反，一般在发生事故后，首先采取寻找避难室进行避难，然后听取事故指挥中心的命令，采取进一步的行动。

应急疏散计划必须与重大危险源的危险性评价相符合。应急疏散计划应提出详尽、实用、明确和有效的技术和组织措施，主管当局应使公众充分了解发生事故时的安全措施，以便在重大事故发生时，公众能及时反应。

1. 紧急疏散地的安全确认

（1）重大事故时的危险区域

重大事故的发生多涉及易燃、易爆、有毒、有害物质的泄漏问题。应从建立有毒、有害物质的伤害模型入手，将有毒、有害气体的扩散后果预测区域划分为四种类型：致死区、重伤区、轻伤区和吸入反应区；根据毒物浓度、需要的疏散时间和允许的疏散时间选择避难方式。对重大事故的预测包括对事故发生的可能性与后果的预测，后果预测的核心问题是确定事故的潜在危险区。

在后果分析中，按事故发生与伤害的时间关系，伤亡事故分为两种情况：事故发生的瞬间人员即受到伤害，且不能自行采取避难措施；事故发生后，意外释放的能量或危险物质经过一段相对长的时间才能伤害人体，人员有时间采取避难行动。

（2）重大事故时的人员避难方式

应急避难方式选择过程如图5—4所示。

在欧洲的大部分国家，受灾区域内的公众采取"就地"避难的方式已经成为重大事故应急的必经步骤。例如，在瑞典，当重复的短笛警报声响起之后，该区域内的公众就会自觉迅速地进入建筑物内，关闭所有的门窗和通风系统，并将收音机调至一个固定的频道来接受进一步的指示。美国的大部分州则采取截然相反的避难方式，

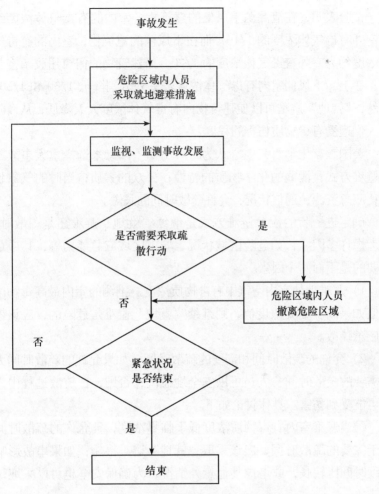

图 5—4　应急避难方式选择过程

通常是指挥公众从危险区域撤离。

"就地"避难方式只可以在紧急时刻为受灾人员提供一个相对直接暴露于受污染空气中而言的"清洁"的空间。每小时建筑物内、外空气中有毒物质的浓度比（渗透率）是衡量"就地"避难方式有效性的一个重要指标。

试验表明，在泄漏源上风侧的建筑物，室内的有毒气体浓度约为室外有毒气体浓度的 1/10；而在下风侧的建筑物，室内的有毒气体浓度约为室外有毒气体浓度的 1/20。当建筑物的门窗用胶条密封时，在上、下风侧室内有毒气体浓度较室外分别降低 1/30 和 1/50。显然，"就地"避难可以使建筑物内有毒气体浓度大大降低，从而降低人们遭受有毒物质伤害的程度。

美国国家化学研究中心认为，可用如下因素来选择重大事故应急避难方式：泄漏的化学物质的特性；公众的素质；当时的气象状况；应急资源；通信状况；允许疏散时间的长短。

确定进一步的应急避难方式是继续"就地"避难还是疏散时，要考虑许多因素，如危险区域状况、城市区域应急能力等，其中最重要的是下面两个因素。

1）避难地处室内空气中有毒物质浓度。推测的室内最高毒物浓度值如果高于临界浓度值，则继续"就地"避难是危险的，应该考虑应急疏散。

2）允许的疏散时间和需要的疏散时间。如果允许的疏散时间大于需要的疏散时间，人员可以安全地撤离；否则，在疏散过程中人员可能受到伤害。具体讨论如下。

①当避难室内有毒物质浓度低于临界浓度，且允许的疏散时间小于需要的疏散时间，应该采取"就地"避难措施；如果事故影响持续时间比较长，或考虑其他意外情况，为确保安全也可以采取疏散措施。

②当需要的疏散时间大于允许的疏散时间，且毒物临界浓度低于避难室内毒物浓度时，表明这部分受灾人员如不疏散，会受到伤害；但采取疏散行动在时间上又不允许，这是最坏的一种情况。

③当避难室内有毒物质浓度低于临界浓度，且允许的疏散时间大于需要的疏散时间时，一般可以"就地"避难。如果事故影响持续时间比较长，或考虑其他意外情况，为确保安全也可以采取疏散

措施。

④当需要的疏散时间小于允许的疏散时间，且毒物临界浓度低于避火室内毒物浓度时，应该采取疏散措施。

综上所述，如果从工厂、园区和重大事故救援主管部门角度出发，对各重大危险源可能导致的重大事故后果估计准确，准备充分，就可以将事故对人员的伤害降到很低。

（3）确定疏散范围

判断避难方式的指标是避难室内的危险物质Ⅰ临界浓度，界定危险物质临界浓度是确定人员疏散范围的关键。如果将吸入反应区的毒负荷临界浓度值作为避难室内的临界浓度，一般认为，对人员疏散范围边界浓度的界定，可以考虑在泄漏源的上风侧按吸入反应区的毒负荷Ⅰ临界浓度值的 10 倍、下风侧按此值的 20 倍来计算。但根据下面对毒性不同的危险物质各伤害分区Ⅰ临界浓度的分析，这种划分方法并不具有实际的应用价值。

对于一般毒性的氯气和氨气，氯气的致死区、重伤区、轻伤区和吸入反应区的毒负荷临界浓度值（$\times 10^{-6}$）分别为 600、50、30 和 6，氨气四个分区的毒负荷临界浓度值（$\times 10^{-6}$）分别为 5 900、3 540、700 和 150，在泄漏源上风侧按临界浓度 10 倍、下风侧按临界浓度 20 倍的值计算，需要疏散区域的边界处于重伤区与致死区之间。如考虑其他意外情况，为确保安全，在泄漏源上风侧按临界浓度 5 倍、下风侧按临界浓度 10 倍的值计算，需要疏散的区域边界处于重伤区和轻伤区之间，这种分布比较合理。

对于高毒性的危险物质如光气、氰化氢，光气的致死区、重伤区、轻伤区和吸入反应区以毒负荷计算，其临界浓度值（$\times 10^{-6}$）分别为 25、5、4、3。氰化氢的致死区、重伤区、轻伤区和吸入反应区以毒负荷计算，其临界浓度值（$\times 10^{-6}$）分别为 135、50、30、10。由此可以看山，高毒性危险物质临界浓度很小的变化就会对疏散人员造成极大的伤害。

综上所述，得出以下结论。

1）对于涉及高毒性危险物质的事故，临界浓度为吸入反应区毒负荷临界浓度值的 1/10。人员疏散的范围在泄漏源的上风侧，按吸入反应区的毒负荷临界浓度值，下风侧按此值 2 倍标定等浓度线，形成疏散区域。

2）对于涉及一般毒性危险物质的事故，临界浓度为吸入反应区毒负荷临界浓度值的 1/2。人员疏散的范围在泄漏源的上风侧时，按吸入反应区的毒负荷临界浓度值 5 倍，下风侧按此值 10 倍标定等浓度线，形成疏散区域。

疏散距离分为两种：紧急隔离带是以紧急隔离距离为半径的圆，非事故处理人员不得入内；下风向疏散距离是指必须采取保护措施的范围，即该范围内的居民处于有害接触的危险之中，可以采取撤离、密闭住所窗户等有效措施，并保持通信畅通以听从指挥。由于夜间气象条件对毒气云的混合作用要比白天小，毒气云不易散开，因而下风向疏散距离相对比白天的远。夜间和白天的区分以太阳升起和降落为准。

（4）疏散方式

重大事故发生时，如果避难室内有毒物质浓度高于临界浓度，则应该考虑采取疏散措施。在这种情况下，影响疏散的另一个重要因素是需要的疏散时间。需要的疏散时间取决于城市的疏散能力。

城市疏散能力是指在人员疏散过程中，城市交通系统在单位时间内向疏散目的地输送人员的数量。一般说来，影响城市疏散能力的主要因素有硬件条件和软件条件两大方面。硬件条件主要指道路和交通设施，软件条件主要指应急指挥系统、组织机构等。

交通工具的数量和类型是决定疏散能力的一个基本条件。公路、铁路、航空、水运都可以用来进行人员疏散，但是对于市区内重大事故应急疏散的情况，市区道路是最基本的疏散途径。

市区道路中可用来疏散的交通工具主要是汽车、公共汽车、自行车。安全疏散所需汽车的数量与允许的疏散时间、有毒物质污染扩散的范围、此区域内的人口密度、车的运载能力以及道路的通行能力等因素有关。

无论采用哪一种疏散方式，在疏散的区域内建议设有移动救助车与救护车，这些车辆应在疏散区域内进行巡逻。移动救助车内应装载防毒设备、供氧设备等，以救助那些不能靠自己从疏散区域中疏散出来的人员或身体素质差者。救护车为应付事故发生后未逃离危险区而受到伤害需紧急救护者使用。

（5）安置

重大事故发生后，采取的疏散行动必须考虑疏散的目的地设置与疏散人员的安置问题。由于重大事故时，尤其当事故后疏散人员不能立即返回，且疏散涉及的人员数量多时，必须选择适当的疏散目的地且将疏散人员进行有效的安置。

一般说来，安置地区的设置应注意以下三点：

1）安置地区的设置应围绕危险区呈离散分布，以使危险区域内的疏散人员就近快速地抵达接收站，但危险源的下风向不适宜。

2）安置地区的设置应距离危险区域具有一定的距离，如果事故的持续时间较长，要考虑风向有可能会有所改变而波及安置地区。

3）应考虑行政区界的具体划分，即尽可能将危险区与安置地设在同一区、市或省内。

安置地区的选择应能使其为疏散人员提供最基本的条件，如宽阔、容纳人员数量多的学校、工厂、企事业单位等。在安置时间较长（多于1天）的情况下，应建立专门的后勤支援与保障系统。原则上，安置地区的公私建筑物都可供疏散人员使用。

在安置地区应设有安置接收机构，负责疏散人员的接收与安置工作。每个安置地区接收的疏散人员数量及他们所在的危险区范围，均由预先的计划确定。疏散人员到达安置区域后，安置接收机构的工作人员要对疏散人员进行登记，并对受伤人员进行救治。

疏散地点的选择必须根据不同事故做出具体的规定,总的原则是疏散安全点处于当时的上风向,在灾害影响(毒气扩散)范围外,能容纳所疏散的人口。因此,重大危险源企业应在最高建筑物上设立"风向标"。

气象条件影响化学事故危险源的危害程度,包括风速、风向。风向决定毒气云团的传播方向。研究表明:风速在1~5米每秒,易使云团扩散,危害最大;风速较大,地面浓度相对要较小;湿度大则使毒气不易扩散。

避难场所一般是能够保护避难人员免遭大火引起的热辐射伤害、能够避开化学有毒气体伤害的空地。在避难场地的前方应有30米以上的耐火建筑物隔离。在没有符合条件的耐火建筑物时,以离开火场(或影响区域)范围300米的场地为有效场地。

2. 紧急疏散地的安全保障和监督管理

紧急疏散地的安全保障工作由安置地和疏散地的公安部门及保安负责。在全面应急时,当地警方有指挥疏散和在疏散区执法的任务,如防止抢劫等。对事故受害者亲属的援助或对疏散者的帮助等社会服务应该在当地政府的直接指挥下进行。当地政府应对应急救援活动的各个方面进行全面的监督和管理。

三、应急处置

1. 泄漏处理

化工企业生产安全事故造成危险化学物质泄漏后,不仅污染环境,对人体造成伤害,如遇可燃物质,还有引发火灾爆炸的可能。因此,对泄漏事故应及时、正确处理,防止事故扩大。泄漏处理一般包括泄漏源控制及泄漏物处理两大部分。

(1)泄漏源控制

条件允许时,通过控制泄漏源来消除化学品的溢出或泄漏。在厂调度室的指令下,通过关闭有关阀门、停止作业或通过采取改变工艺流程、物料走副线、局部停车、打循环、减负荷运行等方法进行泄漏源控制。容器发生泄漏后，采取措施修补和堵塞裂口，制止化学品的进一步泄漏，对整个应急处理是非常关键的。能否成功地进行堵漏取决十几个因素：接近泄漏点的危险程度、泄漏孔的尺寸、泄漏点处实际的或潜在的压力、泄漏物质的特性。堵漏方法见表5—6。

表5—6 堵漏方法

部位	形式	方法
罐体	砂眼	使用螺钉加黏合剂旋进堵漏
	缝隙	使用外封式堵漏袋、电磁式堵漏工具组、粘贴式堵漏密封胶（适用于高压）、潮湿绷带冷凝法或堵漏夹具、金属堵漏锥堵漏
	孔洞	使用各种木楔、堵漏夹具、粘贴式堵漏密封胶（适用于高压）、金属堵漏锥堵漏
	裂口	使用外封式堵漏袋、电磁式堵漏工具组、粘贴式堵漏密封胶（适用于高压）堵漏
管道	砂眼	使用螺钉加黏合剂旋进堵漏
	缝隙	使用外封式堵漏袋、金属封堵套管、电磁式堵漏工具组、潮湿绷带冷凝法或堵漏夹具堵漏
	孔洞	使用各种木楔、堵漏夹具、粘贴式堵漏密封胶（适用于高压）堵漏
	裂口	使用外封式堵漏袋、电磁式堵漏工具组、粘贴式堵漏密封胶（适用于高压）堵漏
阀门		使用阀门堵漏工具组、注入式堵漏胶、堵漏夹具堵漏
法兰		使用专用法兰夹具、注入式堵漏胶堵漏

（2）泄漏物处理

现场泄漏物要及时进行覆盖、收容、稀释、处理，使泄漏物得到安全可靠的处置，防止二次事故的发生。泄漏物处置主要有4种方法：

1）围堤堵截。如果化学品为液体，泄漏到地面上时会四处蔓延扩散，难以收集处理。因此，需要筑堤堵截或者引流到安全地点。储罐区发生液体泄漏时，要及时关闭雨水阀，防止物料沿明沟外流。

2）稀释与覆盖。为减少大气污染，通常是采用水枪或消防水带向有害物蒸汽云喷射雾状水，加速气体向高空扩散，使其在安全地带扩散。在使用这一技术时，将产生大量的被污染水，因此，应疏通污水排放系统。对于可燃物，也可以在现场施放大量水蒸气或氮气，破坏燃烧条件。对于液体泄漏，为降低物料向大气中的蒸发速度，可用泡沫或其他覆盖物品覆盖外泄的物料，在其表面形成覆盖层，抑制其蒸发。

3）收容（集）。对于大型泄漏，可选择用隔膜泵将泄漏出的物料抽入容器内或槽车内；当泄漏量小时，可用砂子、吸附材料、中和材料等吸收中和。

4）废弃。将收集的泄漏物运至废物处理场所处置。用消防水冲洗剩下的少量物料，冲洗水排入含油污水系统处理。

（3）泄漏处理注意事项

1）进入现场人员必须配备必要的个人防护器具。

2）如果泄漏物是易燃易爆的，应严禁火种。

3）应急处理时严禁单独行动，要有监护人，必要时用水枪、水炮掩护。

（4）危险液体泄漏应急的一般措施

在这样的应急情况下，反应行动应该集中在：

• 保护员工与大众免于暴露在危险物质中

• 如果泄漏仍在继续，消除泄漏源

• 存留泄漏液体

• 尽量能减少蒸发率

• 冲稀、中和或转移泄漏物质

避免暴露主要通过隔离泄漏区域和疏散出下风向范围实现。特别是在液体蒸发时，更应这样处置。

如果泄漏仍在继续，隔离损坏的容器，转移其中物料和堵漏都能有助于消除泄漏源。

危险物质泄漏容留可采用围堤、围堰和挖沟以实现存留。这有两个好处，容留泄漏液体和减小蒸发表面积。在执行其他应急操作如转移或中和时，如果有围堤或类似条件会更容易执行。

部分应急容留可通过在泄漏处用挖土机械、有吸收物质的沙袋和箱子来筑起围堤。土壤和泄漏物质的性质将决定这种物质在临时容留系统的泄漏率。

如果液体能蒸发产生有毒或易燃蒸汽，需要覆盖泄漏区。可使用密度小、不相溶、不反应、无毒的液体覆盖在泄漏液体上。更为常见的方法是使用泡沫。有不同类型的泡沫可选择，以减少泡沫与泄漏液物质的反应使泡沫失去活性。这些泡沫与在消防中使用的泡沫类似。它们可以通过把泡沫剂与水混合，用成泡器迅速制成。一层大约10厘米的泡沫层常可使蒸发率降低40%。浮动固体像浮球、粉末也能用于覆盖泄漏液体，特别是强酸泄漏时。这种物质的一个缺点是它们可能提供另外的蒸发能源。

稀释对于水溶性物质是非常有效，加入水可以降低泄漏物质的蒸发压力，因而降低泄漏率。但是，水不能用于和它反应的物质的泄漏。例如，液氯泄漏加入水可以产生氯化氢，这可产生反应热，增加液体蒸发率。加水也可以导致更大的渗流（这样会造成严重的环境影响）。此外，用水稀释会产生更大的液体容积，这需要在后面清除工作中处理。因而危险物质泄漏时的稀释可能十分有效，但这种措施的有效性要进行判断。

中和是在泄漏物质中加入适当的反应剂。这种方法常用来处理酸或碱泄漏。中和物质通常以固体形式加入与泄漏物质反应，形成中间pH值的稠状物质（pH4～9之间）。中和也常在实验室中采用。

许多有机物泄漏可用固体或液体吸收剂处理。采用这种物质吸收可降低蒸发率，生成固体，这些可以在随后处理中清除掉。现在有专门喷药剂可用于喷散吸收媒介。

最后，泄漏物质可转移到另一个容器或罐车，以便进一步处理。这要求泄漏存留在一个封闭体内，如一个堤内或一个坑内，可以从那里抽走。

(5) 化工生产有毒气体泄漏应急的一般措施（以氯气为例）

氯气是非燃烧气体，常在压力下作为液体储存。氯气是氧化剂，它可和许多物质反应，包括许多金属，室温下如铝、锡、钛和更高温度下（121℃）铁、铅、镉。这种黄绿色气体的密度是空气的 2 倍，而液体密度是水的 1.5 倍。氯气陆上运输有三种容器：气瓶、吨罐和卡车或罐车（15～19 吨）。此外，氯气可通过驳船大量运输（1 200 吨）。

当设备或管道发生氯气泄漏时应立即隔离进料线，立即组织调查泄漏原因，解决出现的问题。氯气泄漏可通过装有氨水溶液的压缩瓶检查到，因为氨气与氯气接触后形成氯化铵白雾。执行此类行动和其他应急行动人员应该戴防护设备，包括呼吸器。氯气是危险甚至致命的，即使是在很低浓度下也十分危险。氯气 IDLH 浓度值是 25×10^{-6}，该值的阈限值为 1×10^{-6}。

只要检测到泄漏，应急协调员应该进行如下操作：

• 如果发生气瓶泄漏，初步隔离范围是半径 150 米

• 如果吨罐或更大容器发生泄漏，初步隔离范围是半径 300 米

• 如果发生更大型容器泄漏，疏散下风向 0.8 千米宽和 1.5 千米长内范围

• 同时隔离容器，开始应急修复工作，包括把氯转移到其他容器中

• 应急修复工作与发生什么泄漏和泄漏大小程度有关

阀门泄漏可通过以下方面阻止：

• 拧紧螺栓

• 关闭阀门

• 用盖子和塞子堵漏

如果容器破裂，首先调整容器位置使泄漏部位位于容器最上部，这样可减少泄漏，因为泄漏掉的只是气态氯。液氯液池可发生蒸发，产生气体。蒸发率是温度和传热率的函数。如果液体是由低导热率、低热容物质包围，大部分蒸发热靠液池自身提供，这样液池温度会下降，降低蒸发率。使用蛋白水泡沫可降低小氯气从液池的蒸发率。也可采用围堤存留氯气罐的泄漏，这种方法的优点是既能存留泄漏液体又尽量减少液体蒸发面积。

应急修复工作应该由两人进行。除了呼吸器，维修人员应该穿戴防护服以避免皮肤与氯气接触，否则会引起严重烧伤。装备包含有用于中小型泄漏的专用工具和塞子。

发生氯气泄漏不能使用水，因为水和氯反应生成的氯化氢会提高腐蚀率进而加快泄漏。如果储罐暴露在火灾中，用水来降温，防止容器内温度和压力增加，从而导致更高的泄漏率。

如果泄漏仍在继续，采取疏散或临时避难是唯一可行的防护行动。

在应急结束发出"全部清除"指令前，所有低洼点要进行检查，因为氯气密度大，可能在此积聚。

2. 爆炸事故处置的对策

（1）爆炸事故处置难点

1）初期火灾不易控制。爆炸猝不及防，可能仅在 1 秒内爆炸过程已经结束，而一旦起火，火势蔓延迅速，随着时间的延续，火灾面积增大，初期到场力量难以控制猛烈的燃烧。

2）易造成大量人员伤亡。个人防护要求高，防爆防护意识要求强。要时刻做好撤退准备，有一套安全措施作保证且应视情况佩戴防护面具、耐热防护衣或防毒面具等个人防护装具，并对现场进行监测。

3）除扑救火灾、处置险情外，人员救助任务繁重。爆炸事故往往伴随有建筑倒塌事故，需要各方协同作战、统一调度指挥。

4）现场秩序混乱，疏散组织工作难度大。

5）难以在第一时间掌握现场情况，需要反复侦查，多方询问。

6）处置措施要有针对性，专业技术要求较高，需要指挥员了解爆炸物质的理化性质，准确判断，随机应变，果断决策，还要有丰富的实战经验，掌握最佳灭火进攻时机。

（2）事故处置对策

1）掌握相关专业知识

①爆炸性物质分类。可燃气体是爆炸极限下限为 10% 以下，或者上下限之差为 20% 以上的气体，如氢气、乙炔等；爆炸性物质是由于加热或撞击引起着火、爆炸的可燃性物质，如硝酸酯、硝基化合物等；爆炸品类物质是以产生爆炸作用为目的的物质，如火药、炸药、起爆器材等。

②爆炸品类物质的五种类型。具有整体爆炸危险的物质和物品，如爆破用电雷管、弹药用雷管、硝铵炸药（铵梯炸药）等；具有抛射危险但无整体爆炸危险的物质，如炮用发射药、起爆引信、催泪弹药；具有燃烧危险和较小爆炸或较小抛射危险，或两者兼有但无整体爆炸危险的物质，如二亚硝基苯无烟火药、三基火药；无重大危险的爆炸物质和物品导爆索（柔性的），如烟花、爆竹、鞭炮等；非常不敏感的爆炸物质，如 B 型爆破用炸药、E 型爆破用炸药、铵油炸药等。

③爆炸物品的相关规定。掌握爆炸物品与 TNT 的当量值，如硝铵炸药的爆炸当量相当于 TNT 炸药的 $0.5 \sim 1$，其当量值随硝铵中 TNT 的比例成分而定。掌握国家相应的规范规定，如建筑存药量为 $40 \sim 45$ 吨的铵梯炸药库，距村庄不小于 670 米；距 10 万人口以上城市规划区边缘不小于 2 300 米；距 10 万人口以下的城镇边缘不小于 1 200 米。国家的相关规定对确定爆炸波及范围有所帮助。

2）把握技战术要点

①查明判断再次发生爆炸的可能性和危险性。反复侦查，做出正确的判断。要查明爆炸后人员伤亡情况和建筑结构的破坏情况；能否引起二次爆炸；爆炸物品的种类、性质、库存量；爆炸的具体部位、燃烧时间及火势蔓延主要方向；火场周围地理环境情况、消防水源位置和储量等。

②抓住爆炸后和再次发生爆炸之前的有利时机，采取一切可能的措施，全力制止再次爆炸的发生。接近火点射水灭火或喷淋火源附近的易燃、易爆物品，防止可能发生的二次爆炸。

③划定警戒区域。通过检测，划定警戒区域，疏散警戒区内的人员以及着火区域周围的爆炸物品。要消除警戒区域内一切火源，不能使用非防爆型电器，注意防止产生静电，在区域内可使用防爆电气设备，照明设备要保证安全距离，形成一个安全隔离区域。

④合理地使用水流，部署力量。正确使用直流、开花或喷雾射流，扑救爆炸物品堆垛火灾时，水流应采用吊射，避免强力水流直接冲击堆垛，以免堆垛倒塌引起再次爆炸。前线处置人员要少而精，要视情况对一线处置人员进行轮换，防止人员疲劳，影响作战行动效率。

⑤安全防护措施到位。攻坚灭火人员要做好个人安全防护，尽量利用现场现成的掩蔽体（墙角、土坡、坑洼等）设置水枪阵地，尽量采用卧姿或匍匐等低姿射水。消防车辆不要停靠在离爆炸物品太近的水源。对于爆炸品类物质火灾，切忌用沙土盖压，以免增强爆炸物品爆炸时的威力。

⑥时刻做好撤退的准备。前线人员发现有发生再次爆炸的危险时，应立即向现场指挥报告，现场指挥员应及时发现发生再次爆炸的征兆或危险，下达撤退命令。灭火人员看到或听到撤退信号后，应迅速撤至安全地带，来不及撤退时，应就地卧倒。

⑦正确判断。现场消防总指挥员应能正确的判断：厂方、社会专家或技术人员是否到场，能否及时发现事故隐患，对事故原因进

行正确判断，提出合理的处置方案；现场的安全检测、火灾自动报警及自动灭火等装置是否失灵；阻火装置及防爆泄压装置是否失灵；报警是否延误，消防人员是否到场及时；有无因防火间距不足，可燃物质数量多，大风天气等而无法短时间灭火的问题；首到队灭火战斗部署是否正确；现场灭火救援力量是否不足；社会相关力量和资源需求。

3）加强心理素质训练

消防人员在面对现场随时可能发生爆炸的情况下，需要沉着冷静、情绪稳定、临危不乱，作战行动要准确、无误、有效，指挥员意图要及时、坚决地贯彻，要服从统一指挥，通力协作，密切配合，有条不紊。这就要求消防官兵要有过硬的心理素质、思想素质和优良作风，良好的心理素质是后两者的前提条件。因此，加强心理素质训练是形成攻坚战斗能力的关键。

4）加强准备工作

①熟悉演练。开展对辖区内有爆炸危险性单位的熟悉和实战演练工作，重点对本辖区内存有爆炸危险性的单位、场所和设施进行实地调研，熟悉、掌握具有爆炸危险性物品的理化性质和处置对策，制定完善灭火救援预案，开展相应的技战术训练和实战模拟演练，确保一旦发生事故，快速反应，准备充分，有效处置。

②联动机制建设。依靠政府，建立多警种、多部门和警民联合作战体系。有爆炸危险性的场所设施发生火灾后，需要事先建立组织指挥机构，明确部门的任务分工，消防部队应将主要力量用于攻坚排险。人民群众的疏散工作应在当地政府的统一指挥下，由公安机关和相关部门配合完成，避免消防部队"单打一"的现象出现，给灭火救援的整体工作带来不便。

3. **火灾控制**

化工生产过程中容易发生火灾、爆炸事故，但不同的危险化学物质在不同情况下发生火灾时，其扑救方法差异很大，若处置不当，不仅不能有效扑灭火灾，反而会使灾情进一步扩大。此外，由于化学物质本身及其燃烧产物大多具有较强的毒害性和腐蚀性，极易造成人员中毒、灼伤。因此，扑救化学危险品火灾是一项极其重要而又非常危险的工作。从事化工生产的人员和消防救护人员平时应熟悉和掌握化工生产中危险化学物质的主要危险特性及其相应的灭火措施，并定期进行防火演练，加强紧急事态时的应变能力。

一旦发生火灾，每个职工都应清楚地知道他们的作用和职责，掌握有关消防设施、人员的疏散程序和化工生产火灾灭火的特殊要求等内容。

(1) 灭火对策

1) 扑救初期火灾。在火灾尚未扩大到不可控制之前，应使用适当移动式灭火器来控制火灾。迅速关闭火灾部位的上下游阀门，切断进入火灾事故地点的一切物料，然后立即启用现有各种消防设备、器材扑灭初期火灾和控制火源。

2) 对周围设施采取保护措施。为防止火灾危及相邻设施，必须及时采取冷却保护措施，并迅速疏散受火势威胁的物资。有的火灾可能造成易燃液体外流，这时可用沙袋或其他材料筑堤拦截流淌的液体或挖沟导流，将物料导向安全地点。必要时用毛毡、海草帘堵住下水井、阴井口等处，防止火焰蔓延。

3) 火灾扑救。扑救化工生产火灾决不可盲目行动，应针对每一类危险化学物质，选择正确的灭火剂和灭火方法。必要时采取堵漏或隔离措施，预防次生灾害扩大。当火势被控制以后，仍然要派人监护，清理现场，消灭余火。

(2) 几种特殊化工生产火灾扑救注意事项

1) 扑救液化气体类火灾，切忌盲目扑灭火势，在没有采取堵漏措施的情况下，必须保持稳定燃烧。否则，大量可燃气体泄漏出来与空气混合，遇着火源就会发生爆炸，后果将不堪设想。

2) 对于爆炸物品火灾，切忌用沙土盖压，以免增强爆炸物品爆炸时的威力；扑救爆炸物品堆垛火灾时，水流应采用吊射，避免强力水流直接冲击堆垛，以免堆垛倒塌引起再次爆炸。

3）对于遇湿易燃物品火灾，绝对禁止用水、泡沫、酸碱等湿性灭火剂扑救。

4）氧化剂和有机过氧化物的灭火比较复杂，应针对具体物质具体分析。

5）扑救毒害品和腐蚀品的火灾时，应尽量使用低压水流或雾状水，避免腐蚀品、毒害品溅出；遇酸类或碱类腐蚀品，最好调制相应的中和剂稀释中和。

6）易燃固体、自燃物品一般都可用水和泡沫扑救，只要控制住燃烧范围，逐步扑灭即可。但有少数易燃固体、自燃物品的扑救方法比较特殊。如2，4-二硝基苯甲醚，二硝基萘和萘等是易升华的易燃固体，受热放出易燃蒸汽，能与空气形成爆炸性混合物，尤其在室内时，易发生爆燃，在扑救过程中应不时向燃烧区域上空及周围喷射雾状水，并消除周围一切火源。

化工生产火灾的扑救应由专业消防队来进行，其他人员不可盲目行动，待消防队到达后，介绍物料介质，配合扑救。应急处理过程并非是按部就班地按以上顺序进行，而是根据实际情况尽可能同时进行，如危险化学物质泄漏，应在报警的同时尽可能切断泄漏源等。化工生产安全事故的特点是发生突然，扩散迅速，持续时间长，涉及面广。一旦发生化工生产安全事故，往往会引起人们的慌乱，若处理不当，会引起二次灾害。因此，各企业应制订和完善事故应急救援计划，让每一个职工都知道应急救援方案，并定期进行培训，提高广大职工对付突发性灾害的应变能力，做到遇灾不慌，临阵不乱，正确判断，正确处理，增强人员自我保护意识，减少伤亡。

(3) 火灾爆炸应急的一般措施

下面是用于处理化工厂易燃物储罐火灾的一般策略。

• 信息收集和事故评价

- 决策
- 实施反应行动

实施反应行动的类型依赖前两步。反应行动可归为三类：灭火，控制火灾而不扑灭和完全撤离。下面将详细讨论：

1）信息收集和事故评价

①确定是否发生伤亡及是否应该实施营救行动。

②确认事故中泄漏物质，可能有一种以上物质储存在同一地点。此外，储存物质可能与人们最初认为储罐中存在的物质不同。

③获取泄漏物质的材料安全数据表（MSDS），此外，获取其他事故控制中极为重要的物化性质：

- 物质闪点
- 物质与水和其他灭火介质的反应性
- 物质的爆炸极限
- 物质聚合性
- 适合泄漏物质的灭火剂

④确定储罐类型、安全装置和控制火灾装置。

⑤确认储罐的损坏情况和储罐受火威胁程度。

⑥确定天气条件如风向、风速、温度、湿度和降水率。

⑦确定储罐与暴露设施如储罐、工艺单元、建筑或电力线等之间的相对位置。

⑧确定现有资源包括人力、设备和供应。确定还需要动员什么其他资源和供应速度。

2）决策

以上所有信息收集完毕，就可做出决策，决定应该采取什么行动。当然，营救伤亡人员是首要任务。但是即使执行营救伤亡人员任务也要根据事故的整体评价、现有资源和措施的可行性进行。总体上可考虑三类方法：

- 灭火

- 控制火情而不急于灭火
- 撤离应急反应人员

这些行动中选择哪一种要根据事故评价和物质性质。例如，开口容器含有大量的高压碳氢化合物气体，泄漏后的发生火灾很少能扑灭。此外，扑灭火灾有时可能导致更大的危险，由于没点燃的蒸汽聚集或转移到更敏感的地区，一旦出现火源，就会发生火球爆炸，造成更严重的后果。因而有时唯一的可行的方法是让火燃烧，保证储罐冷却，防止发生 BLEVE。火焰直接烘烤储罐液位以上部位的罐壁，罐内液体开始蒸发，蒸汽开始进入泄压阀。当蒸发继续，液位下降，液位上的容器壁因为缺少液体降温作用，可达到很高的温度。结果导致金属软化，内压超过金属强度，造成大爆炸。在这种情况下，也可以通过非人力水喷淋冷却容器，减少人员暴露。

3）实施应急行动

方案 A：灭火。如果可以扑灭火灾，行动必须尽可能迅速。在灭火过程中如果对应急有新的评价信息，决策应该随时做出调整，灭火步骤包括：

- 疏散至火灾或蒸汽云下风向地区
- 隔离该区域，清除所有无关人员
- 从上风向接近火灾，人员应穿戴相应的防护设备
- 如果可以遥控隔离容器，这样可避免形成可燃蒸汽云
- 如果不能遥控隔离容器，发生气体泄漏但没有点燃。用消防水冲散泄漏气体，关闭气体隔离阀
- 除非泄漏被堵上，否则不要灭火。如果遥控隔离不行，使用消防水掩护设法关闭隔离阀
- 确定泄放阀是否打开，如果没有，撤离人员
- 如果泄放阀打开，听气流声调变化，这显示压力增加，可要求撤离
- 冷却容器防止 BLEVE

·使用适当灭火剂和方法灭火，干化学灭火剂最适用于这种任务。泡沫对于开放式可燃物质如原油、汽油、萘、煤油、柴油、润滑油火灾是非常有效的

·防止消防水从消防堤或其他存留系统中溢出

·防止火势蔓延，如防止开口油罐火灾中发生扬沸或飞溅（消防水进入储罐接触到热油因而蒸发，蒸汽升起，带动油产生热油溢出，这样使火灾蔓延）

·减少其他区域（如其他储罐）的暴露，用水灭火。非人力喷水系统这时很有效，因而使人员可执行其他行动

方案 B：控制火灾但不扑灭。在一些情况下，让火燃烧是更安全的方法，或火灾不可能简单扑灭。控制火势最合适的策略是让它燃烧光所有燃料，同时保证火势不蔓延出受损容器或不恶化，不形成爆炸。这种方法要求实施如下行动：

·尽力避免燃料进入火中

·用大量的水冷却液体上部的容器部分或启动喷淋系统

·如果泄放或破裂管线产生的火焰直接烘烤容器，特别是如果在液体上部，使用大量水冷却暴露器壁。水在这种情况下极为有效，可使用非人力的喷水设施

·如果水流不能用在暴露容器，就撤离人员，由于容器破裂极可能发生

·建堤、挖沟防止水四处流散

方案 C：撤离反应人员。如果形势变得很危险，反应人员应撤离到安全距离，在撤离前尽力让非人力水喷淋最危险的暴露容器区。从安全距离监测形势变化，一旦有机会介入，重新使用方案 A、方案 B。

第四节　事故现场清除与净化

一、现场人员的清洁净化

对化工生产安全事故现场人员的清洁净化是指对现场中受暴露的工厂人员和应急行动队员的清洁净化。事故中危险物质的泄漏使现场人员受到污染和伤害，如何对其进行清洁净化以及净化处理相关的隔离区域，都是清洁净化讨论的内容。清洁净化是应急行动的一个环节，而不是紧急情况结束后的恢复和善后。

化工生产安全事故清洁净化是为防止危险化学物质的传播，去除暴露于化学危险品所受的污染，对事故现场受暴露者及其个人防护装备进行清洁净化的过程。简言之，清洁净化是对人所受污染的清除和减少。

清洁净化可分为两种情况：

- 紧急情况下的"粗"清洁净化
- 治疗前彻底清洁净化

"粗"清洁净化用于暴露于毒性物质污染的初期或开始阶段；紧急情况下，用于毒物威胁生命时的抢救，采取粗净化以便快速治疗，防止受害者进一步的伤害。

彻底的清洁净化用于没有生命危险的伤害。在可以延迟到更彻底的清洁净化之后，再进行第二次治疗。清洁净化主要采取多重冲洗，清洁净化时要采取严格的隔离和区域警戒。

1. 化学污染类型和阻止污染的扩展

污染物质的状态决定了污染的类型和形式，如固体、液体、气体。另外，污染类型也取决于物质种类，如化学品、活性物质、农药、重金属、多氯联苯（PCB）和石棉，见表5—7。

表5—7   污染的基本类型和形式

污染的类型	气体/蒸气/雾	液体	固体或粒状
化学品	√	√	√
活性物质	√	√	√
农药		√	√
重金属		√	√
多氯联苯（PCB）		√	
石棉			√

（1）化学品的污染

重大的化工生产安全事故期间，化学品能够以固态、液态、气态的形式泄漏。化学品的物质组成或状态以及泄漏方式将决定现场人员、设备和环境受污染的程度。影响物质扩散的关键的物理因素包括在水中的溶解度、凝固点等。化学品泄漏的大小将影响化学危害性、对人的急性和慢性的毒性、对其他生物体的毒性及可燃性和反应性。

污染可能扩散到其他区域的环境中。污染的程度和水平取决于接触的时间和其他因素，如浓度、温度和污染与接触物质的反应。

当泄漏扩散到一个建筑物时，轻的或中等的漂浮气体或蒸汽云可能很快地扩散到其他地方，除了在泄漏源附近外，并不能沉淀大量的污染物。然而，比空气重的气体或空气悬浮物颗粒很可能与地面接触并且消散也较慢，可能出现与重大火灾相关的危险物质的泄漏。管理人员应使用扩散模型系统，决定在不同的泄漏条件下污染的程度、羽状轨迹，对可能受到污染影响的区域进行很好的估计。

以液体方式泄漏的化学品能透入水泥地面的裂缝，溅到设备或其他的表面，渗透到土壤或绝缘材料，进入地表水中或进入排水沟或下水道中。以液态方式泄漏的危险物质可能把污染扩散到不希望的位置，如危险物质能渗透到多孔的材料、绝缘材料、水泥、涂料的表面和土壤中。进入排水口或下水道的泄漏可能给附近区域内的处理设备带来麻烦，使处理设备不能去除或使处理设备污染。

当危险物质以雾的方式泄漏时，能进入多孔的材料中，如绝缘材料、水泥、涂料的表面及土壤。由于较高的浓度和较长接触时间，以液态或雾的方式的泄漏，通常引起比以气态或蒸汽方式泄漏更大的污染。更多的是以液体方式的泄漏可能最终进入地表水中，并引起更大的清除问题。

危险物质也可以以固态或微粒的方式泄漏。固态污染的程度通常明显小于其他形式的污染。虽然局部地方的污染水平要高于以气态或固态方式的泄漏，较高水平的污染出现在离泄漏源比较近的地方，不像雾、蒸汽或气体引起的沉积，许多灰尘或颗粒污染将沉积在水平表面上，这种污染形式能够很容易地被扰动并通过物理接触、雨、风和通风系统传播。在大多数条件下这种污染也是最容易清除的。

（2）阻止污染的扩展

在化工企业生产安全事故发生后阻止污染的扩展与在初始地方防止污染一样重要。危险物质的清除是在职业安全和健康署（OS-HA）程序控制下进行的。

在开始设计系统时，应该考虑一些预防特性。在现场被用来阻止污染扩散的一些常用的工程和管理办法：

• 在通风管上安装一个高效的微粒过滤器来去除微粒。

• 关闭通风口供应和排气管。

• 把污染的流出物转移到一个储罐或池中。

• 关闭楼层和围堤的排水管来防止污染进入下水道系统。

• 增加充足的二次污染池使其具有足够的储存材料的能力。

• 考虑用不渗透的涂料，如环氧基树脂来密封污染区与附近的清除区域的水泥表面，以防止污染物转移或通过水泥渗透。

• 对工艺设备、公共厕所和下水道系统进行检查来确保所有的入口和出口都完好。

• 考虑天气对污染物扩展的影响。

• 在新的污染区域安装临时的探测设备。

2. 制订清洁净化行动计划

对化工生产化学事故的所有其他的应急行动来说，制订行动计划对安全、清除都是很重要的。所有的事故都各不相同并有着不同的变化，在制订净化行动计划时应该考虑的因素包括：

（1）净化地点

应该确认容易获得的一个稳定水源。理想的位置要能把大的供水能力与废水的积蓄能力很好地结合在一起。如果一个固定的蓄水池不可能得到，那么一个大的简易池或蓄水盆是必要的。一个远离污染区域的位置是理想的，计划的清洁净化处理区域不应在容易受到事故影响的区域附近。

（2）净化设备

为了净化需要，一系列的设备和供应物的配置应该预先准备好，包括：

• 使用小直径的软管来输送净化池中的水，并使用水来擦洗和作为清洗液用。必须十分小心，防止过大的压力与流量伤害人员或使储水能力的负担过重

• 手握可调节的喷嘴，可以很好地调节喷洒水流量

• 简易的直接使用肥皂或清洗溶液的喷雾器

• 好用的短、硬毛刷子和用于清洗的海绵

• 储备的水和适当稀释的洗涤液

• 池、盆或其他的储水手段

• 简易的淋浴器

• 简易的帐篷、适当的屏障或其他遮蔽工具

• 用完即丢弃的衣服

考虑到所有方面清除，根据净化的需要估计出在设备中所用化学品的类型和数量。

3. 医疗前的净化、分类及处理

化工生产中在涉及危险物质的事故中，由于外伤、化学品污染、燃烧和其他原因引起的伤害，会出现医疗的紧急情况。应急医疗必须是快速的、有效的，但不应把病人或应急者置于其他的危险之中。

在进行医疗前的净化时，应该选择和辨识净化区域和分类区域的位置，考虑到不同的风向条件，选择出净化和分类区域的两个位置，也称为污染减少区域。如果可能，这个区域应该位于"温和"的区域以便事故现场的活动能受到保护。选择位置应该基于以下原则：

- 所选择的位置应该在上风向以避免暴露于化学蒸汽和烟的影响
- 所选择的位置应该在上坡以避免来自于消防和化学品的喷溅
- 所选择的位置应该是车辆易于到达的地方

应该有能力确认治疗化学品暴露和能对外伤进行治疗的最近的地方。当地医院和政府的健康部门应该参加对应急人员和应急医疗人员的培训。这个培训应该包括对使用物质安全数据表（MSDS）和可能涉及的危险物质性质的确认，对暴露于化学品中的治疗、净化技术、污染控制技术和适当的防护水平的确认，并确定训练与演练程序。

在一个涉及危险化学品的事故中要估计到三种类型的伤员：

- 没有受到污染但受到物理伤害的伤员
- 没有或有很小的物理伤害，但已经受到化学品污染的伤员
- 受到严重的伤害以及化学品污染的人

应急医疗服务（EMS）人员将处理所有的受到化学污染的伤员，有经验的 EMS 人员把所有的伤员进行分类，以便区别出治疗的急缓。分类是对应急治疗优先权进行快速评估的方法。但是在涉及化

学品暴露的事故中，分类是很困难的。

对伤员快速的初始分类评估将确认采取延缓伤害的措施，确认队员的伤势和身体状况以及化学品污染或暴露的水平。除了最初的分类评价外，根据化学品和暴露的方式，EMS人员应该经常地再评价那些等待治疗的伤员。没有快速、有效的对伤员的治疗，伤员的情况可能会加重。EMS人员应该对在事故中所涉及的化学品的化学及物理特性和在不同的暴露水平下的症状进行确认。

在化学物质泄漏现场的分类必须与对伤员的治疗紧紧地结合在一起进行。无论在什么情况下，采取抢救生命的措施应该优先于净化，除非净化对于保护伤员是必需的。在进一步的治疗和转移之前，必要的最低限度的粗净化是对伤员的衣服和其他明显的污染的净化。伤员的彻底"净化"应该在伤员处于稳定状态时进行。在现场的EMS人员将负责这些操作。

化学污染的净化必须尽可能快的进行，一旦伤员处于安全的位置净化应该按以下步骤进行。

第一步：确保可获得合适的个人防护设备，EMS人员在进入事故现场前应穿上个人防护设备并先从最大污染的区域转移伤员。

第二步：去掉伤员的衣服，把衣服放置到一个贴有伤员姓名的塑料口袋内并重新给伤员披上个人防护设备和毛毯。

第三步：清除任何可见的污染物。用中性的肥皂溶液和使用温水的清洁剂或其他清洗溶液对伤员进行净化。应急者应该控制清洗水的回流。通常对污染的这种净化应进行两次。

第四步：医生指导使用其他的解毒剂或软膏。

美国消防协会（NFPA）确定对伤员的污染净化程序，它需要应急人员采取特别的措施来指导净化，这些措施包括：

• 决定污染扩散的可能性和潜在的污染范围
• 个人防护服的选择和对所涉及化学品的适当处理步骤的确认
• 由于受到了严重的伤害，需要立即治疗与转院及污染清除的

程序和步骤

在医疗部门的帮助下，管理者将负责选择恰当的应急医疗救助，管理者也负责控制对生物的危害。这个程序还包括保护应急队员免于通过与血液和身体流质相接触而引起疾病。

二、设备的清除

讨论在化工生产安全事故发生后被污染的仪器和设备清除时需考虑的事情。在发生危险物质已经泄漏到装置或环境中的事故后，应该把注意力放到在应急行动中受到污染的应急设备的清除上。指导恢复和清除的重要因素是时间，如果过多拖延时间，最后清除的花费将会更高。

小范围的设备清除与净化的方法一样，通常采用清洗的方法来完成。

大范围设备的清除与净化是一个两阶段的操作过程。第一个阶段将去除或降低在大范围面积上的基本水平的污染。这个过程可能由人工清除残骸、使用灭火软水管来清洗地面或使用真空吸尘器来收集微粒等组成。必须在粗清除后进行通过采样来决定下一步。第二个过程由前面所描述的定位的小范围清除所组成，必须准备收集废液并处理残骸和危险物质。大范围清除的方法见表5—8。

表 5—8　　　　　　　　　　大范围清除的方法

方法	评论
水洗	水必须收集并且处理。周围没有完好的电力设备或绝缘物。用于铺砌过的表面、金属表面和工厂的外墙是有效的。不能用于多孔渗透的表面
真空	从真空管排出来的废气必须要过滤。可应用于开放的表面。和水一样对于清洗铺砌过的表面是十分有效的。对于多孔渗透的和非多孔渗透的表面是非常有效的

方法	评论
中和	必须十分小心，尽量避免未受控的反应
吸收/吸附	较大的处理范围。如果物质是不相溶的，可能有潜在的反应
刮除	较大量的物质需要处理。清除掉没有受到污染的物质。可能产生风刮起灰尘的危害
蒸汽清洗	对于非多孔渗透的表面和污染物是非常有效的，废液必须收集起来并处理掉
二氧化碳喷吹	对于大多数非多孔渗透的表面和污染物是非常有效的
高压清洗	对于非多孔渗透的表面和污染物是非常有效的，废液必须收集起来并处理掉
喷砂/磨蚀	对于非多孔渗水的表面是有效的

在许多情况下，对大范围扩散污染事故的消除净化需要外界承包商的帮助。当寻找承包商的帮助来进行清除活动时，寻找的重要条件包括：

- 关于清除所需要技术的知识与技能
- 适当的设备
- 受过很好培训的队员
- 能执行安全和健康的政策来保护他们的雇员
- 安全的历史，违反规定的记录
- 非常熟悉并注意观察相关的环境方面的法规
- 金融的信誉

第五节　应急评估分析

一、应急处置工作评估分析

在化工企业生产安全事故的应急终止之后，必须对整个应急过程中的处理工作进行评价，即评价事故发生前的预警、事故发生后的响应、救援行动以及事故控制的措施是否得当。

从应急工作流程机构责任来看，企业目前不具备完全评估应急处置工作的能力，因此，政府部分应组织进行应急处置工作评估。

应急救援行动包括接警与通知、指挥与控制、警报及紧急公告、通信、事态监测与评估、警戒与治安、人群疏散与卫生、公共关系、应急人员安全、消防和抢险、应急处置及消除等。在评价过程中，需了解紧急预案中规定各部门在应急过程中所赋予的职责与义务。

据此，从预警环节开始到事件应急过程结束，应调查事件应急救援行动中各环节是否达到相应的事故应急预案中的要求，必要时调查国内外相似事故的处理情况，从而对化工企业生产安全事故的救援行动进行评价，同时，为同类事件的预防提供借鉴。

通过声像取证，录制了解化工企业生产安全事故当事人陈述及受害人介绍事件发生情况的陈述等，结合现场事故监测结果，进一步分析事件的责任主体。

1. 预警

调查企业是否已编制应急预案，企业在发生事故时，是否立刻实施应急程序，评估该企业是否有能力把事故造成的危害、伤害及污染控制在本企业内。如需上级援助时是否已在展开紧急抢救时立即报告当地县（市）政府环境污染事件应急主管部门，是否积极投入应急的人力、物力和财力。

同时，还应调查当地政府主管部门是否已建立一个标准程序的报警系统，将化工企业生产安全事故发生、发展信息传递给相应级别的应急指挥中心，根据对事件状况的评价，启动相应级别的应急预案。

2. 报告

调查企业是否在突发化工生产安全事故责任单位和责任人以及负有监管责任的单位发现突发化工生产安全事故后 1 小时内向所在地县级以上人民政府报告，同时向上一级相关专业主管部门报告，并立即组织进行现场调查。

负责确认化工生产安全事故的单位是否在确认重大（Ⅱ级）环境事件后 1 小时内报告省级相关专业主管部门，特别重大（Ⅰ级）化工生产安全事故立即报告国务院相关专业主管部门，并通报其他相关部门。

地方各级人民政府应当在接到报告后是否在 1 小时内向上一级人民政府报告。省级人民政府在接到报告后 1 小时内向国务院及国务院有关部门报告。

发生重大（Ⅱ级）、特别重大（Ⅰ级）突发环境事件时，国务院有关部门是否立即向国务院报告。

同时，应调查报告的内容是否属实，是否有瞒报、假报或漏报现象等。

3. 接警

调查接报人接收到来自自动报警系统的警报后是否已指派现场人员核实，并同时通知救援队伍做好救援准备或其他符合实际的规定。

接到人工报警时是否问清事件发生时间、地点、单位、事件原因、事件性质、危害程度、范围等，是否做好记录并通知救援队伍同时向上级报告。

4. 指挥和协调

重大化工企业生产安全事故的应急救援往往由多个救援机构共同完成，因此，对应急行动的统一指挥和协调是有效开展应急救援的关键。因此，应调查是否已建立统一的应急指挥、协调和决策程序，是否有效迅速地对事件进行初始评估，是否迅速有效地进行应急响应决策，建立现场工作区域，指挥和协调现场各救援队伍开展救援行动，合理高效地调配和使用应急资源等。

可根据指挥协调主要内容判断在事件发生后指挥和协调过程的行为是否得当。

5. 警报和紧急公告

公众防护行动的决定权一般由当地政府主管部门掌握。因此，应调查企业是否已经建立起防护措施和有效的通信机制，并已将防护措施以及公众疏散或是安全避难的最佳方案通知应急指挥中心。当事故可能影响周边地区，对周边地区的公众和环境可能造成威胁时，是否及时启动报警系统，向公众发出警报和紧急公告，告诉事件的性质、对健康的影响、自我保护措施、注意事项等，以保证公众能及时做出自我防护响应。

在紧急情况下，媒体很可能获得事件消息，应急组织中是否有专门负责处理公众、媒体的部门，以防止媒体干扰应急行动和错误报道事件。

6. 事件的通报

当发生跨地区污染时，应调查：

发生化工企业生产安全事故的当地人民政府有关类别事故专业事故主管部门在应急响应的同时是否及时向毗邻和可能波及的地方有关类别事故专业主管部门通报突发事故的情况。

接到化工企业生产安全事故通报的地方人民政府有关类别事故专业主管部门是否视情况及时通知本行政区域内的有关类别事故专业主管部门采取必要措施，并向上级人民政府报告。

7. 信息发布

有关类别事故专业主管部门负责突发化工企业生产安全事故信息的对外统一发布工作。有关类别事故专业主管部门负责提供突发事故的有关信息。

应调查突发化工企业生产安全事故发生后，有关类别事故专业主管部门是否安排专人负责对新闻稿进行认真审核，以避免发布的信息出错。

8. 通信

调查在应急行动中所有直接参与或者支持应急行动的组织（消防部门、公安部门、环保部门、公共建设工程、应急中心、应急管理机构、公共信息以及医疗卫生部门等）是否都能保持通信正常和畅通，是否由于通信的问题造成救援延误。

9. 环境监测

应调查环境应急监测是否按规定的程序进行，响应是否迅速，是否考虑到污染的可能因素，监测结果是否及时向应急指挥部报告。

10. 事态评估

应评估应急过程中的初始评估是否正确，是否已监测和探明化学危险物质的种类、数量及危害特性。是否已正确确定重点保护区域以及相应的防护行动方案。

11. 警戒与治安

警戒与治安一般由公安、交通、武警部门负责，必要时，可启用联防、驻军和志愿人员。

在评价中着重调查事件发生后的交通管制措施是否到位，以避免出现意外的人员伤亡或引起现场的混乱。

是否能有效指挥危害区域内人员的撤离。

是否已做好维护撤离区和人员安置区场所的社会治安工作，保卫撤离区内和各路口附近的重要目标和财产安全，打击各种犯罪分子。

警戒人员是否尽力协助发出警报、现场紧急疏散、人员清点、传达紧急信息以及事件调查等。

12. 应急疏散方案

人群疏散是减少人员伤亡的关键，也是最彻底的应急响应。应当调查应急过程中是否对紧急情况和决策、预防性疏散准备、疏散区域、疏散距离、疏散路线、疏散运输工具、安全庇护场所以及回迁等做出细致的规定和准备，是否落实已实施临时疏散的人群的临时生活安置并保障必要的水、电、食物、卫生等基本条件。

13. 事故现场人员防护和救护

事故现场人员的健康状况是事故应急及时和有效的重要保障，因此，在救援过程中，现场人员的防护装置是否足够非常重要。应对事件现场人员的防护装置是否足够且正确进行评价。

调查当化工企业生产安全事故发生后救援人员是否迅速救护伤员，并迅速诊断以便及时进行正确救治，当原因不明、诊断不清时，是否认真做好与其他疾病的鉴别工作，以免误诊，造成抢救的延误和失效，并进行评价。

14. 事故现场的恢复

事故现场恢复是指将事故现场恢复至相对稳定、安全的基本状态。应避免现场恢复过程中可能存在的危险，并为长期恢复提供指导和建议。

因此，需调查与评价在宣布应急结束、人群返回后是否对现场进行有效清理，公共设施是否已基本恢复，是否对受影响区域继续进行连续环境监测以使污染的威胁降到最低。

二、应急管理工作评估分析

化工企业生产安全事故应急响应的效果如何，与日常的应急响应预防管理密切相关，对应急响应工作的顺利实施影响巨大。因此，应急响应终止之后，必须对整个应急管理工作进行评估分析，主要调查日常应急预防的应急响应资源的管理和配置情况，应急响应方面预防措施的实施等情况。

从应急工作流程机构责任来看，应急管理工作评估应由各级政府组织实施评估。

1. 应急工作体系

应急工作体系评估是指在日常的应急管理工作中，各级政府相关部门是否明确相关的职责，并且制定了相应的工作流程；企业是否有针对应急响应各个职责方面的代理人，使得一旦发生化工企业生产安全事故能及时进行指挥和传达信息，处理现场。

2. 应急救援设备体系

评估各级政府和企业是否根据各地方和各行业的性质配备相应的应急监测设备、应急交通设备、应急通信设备、应急取证设备。各种设备的配备是否标准、齐全，管理是否正确，是否有专业人员进行维护和指导使用等。

3. 应急救援防护体系

评估救援组织和救援体系是否完善；救援人员的服装质量和设备质量是否达到要求；是否有足够的专业人员能在化工企业生产安全事故发生时对职工现场安全避难进行管理，必要时组织实施人群疏散。

4. 预防工作

评估化工企业生产安全事故的预防工作涉及法律、机构、人员各个方面。

首先，需要确认企业和各级机关是否认真学习和遵守法律法规中的规定。

其次，对于存在化工企业生产安全事故可能的危险源是否有足够的评价，即可信的化工生产危险源现状调查、重大危险源辨识与风险评价、环境安全功能区划分和环境危险源综合整治规划方案。

最后，要评估其预防管理体系的"企业负责，政府监察，中介服务，社会监督"机制是否得到切实实施。

5. 信息监测

评估各级政府和企业是否在日常的管理过程中对各类相关的化工企业生产安全事故信息有足够的重视。

6. 预警支持系统

检查是否对化工生产状况、化工设备运行状况建立有实时监控信息系统、突发事件预警系统、区域环境安全评价科学预警系统。

评估化工企业生产安全事故应急资料库是否完善并且具有权威性和可操作性，应急指挥技术平台系统是否稳定。

7. 教育培训

检查各级政府、部门是否对公众有相应的应急知识普及教育，事故企业对法人、管理人员和员工和周围居民是否有相应的化工事故应急知识普及教育，采用的是何种方式进行教育，是否对重点人员、组织、专家进行专门的培训教育，并对其效果进行评价。对于重点企业和地区，还要检查其是否进行过应急响应演练，并对其效果进行评价。

第六节　应急恢复与善后

当化工企业生产安全事故应急阶段结束后，从紧急情况中恢复到正常状态将需要时间、人员、资金和指挥，对恢复能力的预先估计将是很重要的。

恢复在化工企业生产安全事故应急阶段结束时开始，而决定恢复时间长短的因素包括：

- 化工生产破坏与损失的程度
- 造成环境污染的程度

- 完成恢复所必需的人员、才力、技术的支持
- 法规部门
- 其他的因素

主要恢复活动可分为：

- 管理的恢复
- 现场警戒
- 对员工的帮助
- 对破坏的估计
- 工艺数据的搜集与记录
- 事故的调查
- 安全和应急系统的恢复
- 环境的修复
- 法律
- 保险与索赔
- 公共关系

对于化工企业生产安全事故造成的环境污染，使得原来的环境系统结构和功能发生了本质的变化并且产生了不利影响，也必须对其进行修复，使之恢复到被污染之前，使得被污染的环境重新焕发出生机与活力而被重新使用。污染环境修复标准是指被技术和法规所确定、确立的环境清洁水平，通过生态修复或利用各种清洁技术手段使环境中的污染物浓度降低到对人体健康和生态系统不构成威胁的技术和法规可接受水平。

一、恢复期间的管理

恢复阶段的管理有其独特性和挑战性。由于化工厂某区域受破坏，生产可能不会立即恢复到正常状况。另外，可能会缺乏某些重要人员，或其暂时不能投入恢复行动。

恢复的成功与否在很大程度上取决于它的管理水平。必须有一

位受人尊敬的管理者来负责恢复阶段的管理。管理层可能专门组建一个小组或行动队来执行恢复功能。

在恢复开始阶段，接受委派的恢复主管需要暂时放下其正常工作，集中精力进行恢复建设。恢复主管最好由能力突出、具有大局观的人来担任。其主要职责包括协调恢复小组的工作，分配任务和确定责任，督察设备检修和测试，检查使用的清除方法，与内部组织（公司、法律、保险）和外部机构（管理部门、媒体、公众）的代表进行交流、联络。

从一个重大事故中恢复，所有事情不可能只由恢复主管一个人来完成。因此，保证一个完全、成功的恢复必须组建恢复工作组。工作组的组成要根据事故的大小确定，一般应包括部分或所有以下人员：

- 工程
- 维修
- 生产
- 采购
- 环境
- 健康和安全
- 人力资源
- 公共联系
- 法律

在预先准备期间应确定并培训有关恢复人员，便于他们在紧急事故后迅速发挥作用。如果事前没有确定恢复工作组的人员，恢复主管要立刻分派组员。在工厂最高管理层支持下，恢复主管应该保证每个组员在恢复期间投入足够时间，如果必要，可让其暂时停止正常工作，直到恢复结束。

恢复主管应该定期召开工作会议，了解工作进展，解决新出现的问题，直到受损害区域和化工设备完全恢复正常。恢复主管的一个重要的职责是确定以下重要的恢复功能的优先性和协调相互关系：

- 现场警戒和安全
- 员工救助
- 损失状况评估
- 工艺数据收集
- 现场清理
- 法律
- 保险和财务
- 公共关系和通信联络

恢复管理检查表见表5—9。

表5—9 恢复管理检查表

1. 安全区域
- 维持事故现场的安全

2. 员工救助
- 提供充足的医疗救助
- 安抚死伤员工的家属
- 帮助员工从个人损失中恢复

3. 通报
- 执行通报程序
- 通知不当班人员的有关任务
- 通知保险公司和有关政府管理部门
- 向员工进行简要介绍

4. 事故调查
- 搜集所有与事故相关的重要工艺数据
- 保存详细的记录资料。可用录音机录下所有的决定，对损失情况进行拍摄或录像
- 考虑所有相关的损坏价值。对于采购和维修工作，制定专门的工作顺序号码和费用记录
- 协调与有关部门的行动
- 评估受损财产价值
- 评价停产的影响

5. 运作
  - 建立恢复生产的优先性
  - 保护未受损坏财产
  - 关闭建筑物开口
  - 消除烟雾、水以及废墟
  - 防止设备受潮
  - 保护财产
  - 恢复电力
  - 进行抢救行动。把受损财产与未受损财产分隔开保存，受损财物直到保险公司来进行验证。清除外部不受天气影响的障碍物
  - 列出受损物品清单，一般要与保险公司人员一起进行。列出抢救人员搬迁物品及数量
  - 保存所有送往垃圾场的物品记录
  - 恢复设备和财产。对于重大修复工作，与保险公司人员和有关管理部门查对恢复计划

二、重要的恢复功能

1. 现场警戒和安全

一旦化工生产安全事故应急反应结束，由于以下原因必须隔离事故现场：

  - 事故区域还可能造成人员伤害
  - 事故调查组需要查明事故原因，因此，不能破坏和干扰现场证据
  - 如果伤亡情况严重，需要政府部门（安全生产局等）进行官方调查
  - 其他管理部门（环保局、卫生部门）也可能要进行调查
  - 保险公司要确定损坏程度
  - 工程技术人员需要检查该区域以确定损坏程度和可抢救的设备

该区域应该用鲜艳的彩带、标志或其他设施装置围成警戒区。保安人员应防止无关人员入内。管理层应向保安人员提供授权进入此区域的名单，也要通知保安人员如何处理管理部门的检查。

安全和卫生人员应该确定存在的污染或危险性。如果此区域可能给人员带来危险，应采取一定安全措施，包括个人防护设备。通知所有进入人员受破坏区的安全限制。

2. 化工企业员工救助

员工是企业最宝贵的财富，在完成恢复过程中是极其重要的。然而在一定程度上所有人员都受到事故影响，员工由于要考虑自身情况，也许无法全力投入工作。因此，紧急情况过后，员工可能需要企业的救助。

企业对员工的恢复和援助应包括：

- 保证紧急情况发生后向员工提供充分的医疗救助
- 按企业有关规定，对伤亡人员的家庭进行安抚
- 如果紧急事故也影响员工的住处，应协助或保证员工有时间进行个人的恢复

根据损坏情况大小和程度，企业应考虑向员工提供以下帮助：

- 现金预付
- 薪水照常发放
- 弹性或削减工作时间
- 咨询服务
- 日托

（1）监督员的作用

紧急情况发生后，恢复主管及所有管理层和监督人员应体谅员工的身心状况。提供咨询、放假以及其他帮助可很大程度降低员工的压力，确保工厂很快恢复正常。

除了在化工生产安全事故发生后对化学物质中毒等伤害的员工进行救治外，监督员应该留意员工的行为变化，这些灾难事故后引

起的压力会导致工作效率低下。需注意的一些症状包括：

- 慢性肠胃不适
- 发困
- 头疼、起皮疹，易怒
- 记忆下降，不能集中注意力
- 过度敏感
- 工作时有导致事故的倾向
- 饮食习惯变化
- 饮酒和吸烟量加大
- 社会交往时灰心、退却、爱说脏话、好争吵、爱发脾气
- 其他明显、不平常的行为变化

召开非正式会议，向员工提供说明紧急情况期间家庭发生变化状况的机会，相互交流感受和认识。如必要，可安排心理医生帮助员工从紧急事故中恢复过来。安全主管或其他主管也应该保证其应急队员的情绪稳定。

（2）人力资源部门

是否有人员协助恢复或保证生产进行，直接取决于紧急情况对每个人员的影响情况。对于亲友伤亡或住所受损的员工，人力资源部门应：

- 安排员工有时间安排葬礼、探病或就诊，分发救灾贷款，使其个人生活尽快恢复正常
- 确定工作日程安排，尽可能安排员工工作
- 协助没有岗位的员工找到新工作
- 向员工提供其他援助，如现金预付、灵活减少工作时间或日托护理等

（3）政府救助

如果员工所居住的社区也在灾难影响范围内，也可得到各种政府救助。恢复主管应该考虑与地方应急管理部门领导联系，以便员

工能尽快登记政府援助申请。

3. 损失状况评估

还有一个恢复功能是损失状况评估，主要集中在紧急事故后如何修复工厂。这应尽快进行，但不能干扰事故调查。恢复主管应委派一个专门小组来执行这项任务，队员应该包括工程、财务、采购和维修人员。在完成损坏评估和确定恢复优先性后，就可进行清除和初步恢复生产行动。因为损失评估和初步恢复生产密切关联，需要由执行损失评估小组监督清除和初步恢复生产行动。对长期房屋建造和复杂重建工程将转交给企业的正常管理部门进行管理。

损失评估小组可使用损失评估检查表（见表5—10）来检查受影响区域。检查表中不可能每一项都适用于某一特别事故，该表在事故后作为需要考虑问题的参考。检查表有几栏用于记录需要修理的设备和区域，这些将作为工程部门对工厂修建的参考。评估组据此确定哪些需进行修理或更换以及优先顺序。

表5—10　　　　　　　　　　损失评估检查表

区域	损坏程度	建议修理	实际修理	完成日期	人员
1. 重要设备					
1. 储罐					
2. 工艺容器					
3. 精馏塔					
4. 热交换器					
……					
2. 紧急设备					
1. 灭火器					
2. 泡沫消防设备					
3. 呼吸器					
4. 急救设备					
……					

区域	损坏程度	建议修理	实际修理	完成日期	人员
3. 机器（一般性）					
1. 动力电缆					
2. 紧急开关					
3. 启动开关					
4. 设备传感器					
……					
4. 电力					
1. 开关					
2. 照明开关					
3. 电灯插座					
4. 电源插座					
……					
5. 警报					
1. 传感器					
2. 电线					
3. 手动警报器					
4. 自动警报器					
……					
6. 广播系统					
1. 电线					
2. 扬声器					
3. 无线电					
4. 无线电装置					
……					
7. 电话					
1. 电话线					
2. 电话					
3. 备用电池					
4. 其他					
……					

完成损失评估后，评估组应开会查对这些条目。每项需要立即修理或恢复的条目都应将分派专人或专门部门进行。采购部门应该负责尽快办理所有重要的申请。

损坏的化工设备应该放置到安全存放区或进行合适处理。在进行设备处理前，应确保事故调查组已对设备的查验，并记录存档。此后，应在损失评估检查表内记录修理方法和完成日期。

确定恢复、重建的方式和规模时，应考虑：

- 确定日程表和造价
- 确定计划、图纸和签约标准
- 雇佣承包人和/或分派人员

前期应确定有关合同安排，包括记录抢救和保存状况、设备修理、动土工程、废墟清理。在整个恢复阶段要经常进行拍摄或录像，便于将来存档。

清除和重建破坏区是恢复行动最主要的内容。对许多人来说，一旦修建完成，恢复也就结束，可是许多其他恢复行动也很重要，需要进行。

4. 工艺数据的收集

事故发生后，包括生产和技术人员在内的一项职责是收集所有导致事故和事故期间的工艺数据，这些数据一般包括：

- 有关物质的存量
- 事故前的工艺状况（温度、压力、单体加料速率等）
- 操作人员（或其他人员）观察到的异常情况

必须立刻恢复计算机内的工艺记录以免丢失，收集事故工艺数据对于调查事故的原因和预防以后相类似事故发生是非常重要的。

5. 事故调查

事故调查集中在事故如何以及为什么发生，以查明根本原因。事故调查的目标是辨识操作程序、化工反应工艺状况、工作环境或安全管理中需要改进的地方，以避免事故再次发生。

根据工厂惯例，事故调查组应该由各种技术人员和操作人员组成（工程师、安全专家、工艺操作人员等）。调查组按以下步骤执行：

- 查看事故现场
- 搜集与整理证据
- 确认和采访证人
- 查看事故现场的图片和录像
- 查对工艺数据

完成以上工作后，事故调查组应按公司有关章程或其他有关事故调查的规定来分析事故。主要目的是辨识和评估事故发生的原因（根本原因和促发原因），确定和评估纠正措施和纠正行动的任务分配。调查小组在其报告中详细记录调查结果和建议。报告应清楚说明哪项纠正行动在报告公布时已经完成；哪项改正行动正在计划中（包括实施进度表）；也要汇报建议采取的行动，但需要上级管理人员批准或需要进一步研究和确认完成这些建议行动责任分配。

工厂应制定关于事故调查的程序，包括侥幸事件。一般出现以下一种情况，就应进行正式而广泛的事故调查：

- 发生死亡、严重伤害或大量财产损失
- 查看显示以后此类事故发生可能性很高
- 调查表明如果同样事故发生还可能造成更严重的后果
- 以前没有发现的危险
- 暴露的风险远高于以前估计结果
- 其他分析事故根源所需的技术信息或技能

6. 法律

恢复主管在实施恢复行动过程中应配有一名法律代表。因为在任何重大的事故发生后，很可能要涉及司法责任和行政责任问题。法律代表应提供建议，以帮助遵守相关法令，并使企业避免有关债务问题。

7. 保险

保险问题是恢复过程不可少的一部分。许多企业进行自保，存在次级保险，因此，要与企业有关部门主管联系。保险公司提供的保险额度对确定恢复的大小和规模起着很重要的作用。

8. 公共信息和联络

恢复主管应与公众和其他风险承担者进行公开对话。这需要包括：

- 地方应急管理官员
- 邻近工厂和大众
- 其他社区官员
- 员工
- 工厂所有者
- 顾客
- 供应商

这种交流联络的目的是通知他们恢复阶段的进展状况，可采用以下联络方式：

- 新闻发布会
- 电视和电台广播
- 向市民、会员、其他组织进行介绍
- 工厂的参观视察

工厂应该定期向员工和社区通知恢复的最新进展。这种联络的中心目的是采取措施避免或减少此类事故再次发生的可能性。还有就是保证公众所有受损财物会得到妥善处理。

如果工厂的紧急情况造成附近居民的损害或疏散，公司应考虑采取立即支付修理费用和个人赔偿。

9. 商业关系

事故发生后立即通知顾客和供货商有关的事故情况和对他们的影响，这可使对顾客和供货商的影响减小到最低限度。

处理商业关系的首要步骤是确定：

- 目前现有供货量或完成的产品量
- 可从其他公司调剂的供货量或完成的产品量
- 产品运输的资源
- 恢复生产的时间估算

这些信息应与公司管理层共同确定，减少生产损失的计划也要制订。

恢复主管或采购部门的代表应通知供应商把货物发送到其他厂家或暂时停止供货。管理人员应该根据现有协议，考虑接收供货的法律责任。

销售部门应该通知所有顾客紧急情况对他们的影响。如果公司不能满足顾客的需求，可能需要安排其他厂家向顾客提供产品，直到工厂恢复生产。当恢复操作继续进行时，应定期通知顾客和供货商恢复进展状况和预计重新投产的时间。

第六章

化工企业应急预案示例

第一节　某市树脂厂液氯泄漏事故
应急救援预案

　　某市树脂厂是中型一类重化工企业，1971年建厂，1973年正式投产，现有职工1 450人，厂区位于市桥东区13里工业区内，紧邻某国道。工厂占地面积为18万平方米。东西长约900米，南北长约500米。全厂共有电石、烧碱、PVC树脂、氯化聚乙烯、制氧5个生产车间，有动力、维修、电仪、电器、冷冻5个辅助车间，另外还有劳动服务公司、托儿所、食堂、汽车队及管理科室。生产车间实行四班三运转制，一线生产工人约700人。

　　该树脂厂主要产品及年生产能力：烧碱1.5万吨，PVC树脂1.2万吨，电石1万吨，氯化聚乙烯树脂0.1万吨，液氯0.2万吨，还有氧气、溶解乙炔及盐酸等化工产品。

　　企业所属市为北温带大陆性气候。春季干旱、风大、少雨，最大风力可达6级以上；夏季凉爽，最高气温36℃，东南风向；秋季温度适宜；冬季寒冷，最低气温可达－21℃，主要为西北风向。厂区建在市区南部七里山脚下。地势北高南低，有一定坡度。化学危险源液氯厂房所在地为三面环山的山沟内，西南方向为开阔地。

　　根据国家相关文件要求，该树脂厂因液氯储存量较大而最可能发生危险。液氯月生产量约180吨，基本能实现产销平衡，库存量不大。现拥有 10 立方米液氯储槽 3 台，20 立方米储槽一台，总容积为 50 立方米，储存液氯能力为 40 吨。液氯厂房北面靠山，周围 50 米内有合成岗位、氯乙烯岗位、聚合岗位、电解岗位、干燥岗位、冷冻岗位、整流岗位等，在岗操作人数每班约 35 人。100 米内有市气象局、市羊毛衫厂、市二鞋厂的家属宿舍。

一、化学危险目标的分布、确定及潜在危险性评估

1. 化学危险目标的分布、确定

根据本厂液氯生产、储存的数量，确定液氯工段液氯储槽厂房为应急救援危险目标。

1 号目标　1# 液氯储槽　容积为 10 立方米
2 号目标　2# 液氯储槽　容积为 10 立方米
3 号目标　3# 液氯储槽　容积为 10 立方米
4 号目标　4# 液氯储槽　容积为 20 立方米

2. 潜在危险性评估

液氯在生产和储存过程中，造成泄漏的主要原因是设备材质不合规范、制造工艺不符合要求、超温超压超装、设备腐蚀、三氯化氮积聚超量、氯化石蜡倒灌进入容器内形成爆炸性混合物等，致使容器破裂和发生爆炸，危害程度极大。该树脂厂每个储槽存氯量都在 8 吨以上，一旦发生泄漏，直接危害在岗人员和周围居民的生命安全。其扩散范围宽，当空气中氯气浓度达 300 毫克每立方米时，人员吸入就有生命危险。因此，发生液氯泄漏事故后，本厂必须组织好救援抢险工作，控制毒气扩散，减轻事故的危害程度。

二、指挥机构、职责与分工

1. 指挥机构

本树脂厂成立了化学事故应急救援指挥领导小组，由厂长、生产副厂长及生产、安全、设备、保卫、医务所等部门组成，下设应

急救援办公室由安全科兼管。发生重大事故时，以指挥领导小组为中心，立即成立应急救援指挥部，由厂长任总指挥，生产副厂长任副总指挥，负责全厂应急救援工作的组织和指挥。指挥部设在厂生产调度室。若厂长或副厂长外出时，由安全科长和生产科长为临时总指挥和副总指挥，全权负责救援工作。

2. **职责**

（1）指挥领导小组：负责本单位"预案"的制定、修订；组建应急救援专业队伍，并组织实施和演练；检查督促做好重大事故的预防措施和应急救援的各项准备工作。

（2）指挥部：发生事故时，由指挥部发布和解除应急救援命令；组织指挥救援队伍实施救援行动；向上级汇报和向友邻单位通报事故情况，必要时向有关单位发出救援请求；组织事故调查，总结应急救援工作的经验教训。

三、救援专业队伍的组成及分工

全厂各职能部门和职工都负有化学事故应急救援的责任，各救援专业队伍是化学事故应急救援的骨干力量，其任务主要是担负厂化学事故的救援及处置。救援专业队伍任务分工如下：

1. **通信保障组**

由生产科、安全科、保卫科、调度室和厂办公室组成，负责各专业队伍的联系。

2. **治安组**

由保卫科负责组成。负责事故时的道路交通管制。

3. **医疗救护组**

由厂医务所人员组成。

4. **消防组**

由保卫科负责组成，负责灭火、抢救伤员工作。

5. 抢险抢修组

由设备科负责组成，担负设备抢修、抢险指挥协调工作。

6. 物质供应组

由供应科和汽车队组成，负责抢救工作中的物质保障。

7. 对外联络组

由厂办公室和技术科组成，负责事故事态发展通报并及时与上级领导部门及周邻单位的通信联络。

四、液氯泄漏事故处置

本树脂厂在生产过程中有可能发生液氯泄漏事故的主要部位是1号至4号目标，其泄漏量视其泄漏点设备的腐蚀程度、工作压力等条件而不同。泄漏时又因季节、风向等因素，波及范围也不一样。因此，在事故处置上分一般事故处置和重大事故处置。

1. 一般事故处置

一般事故是指通过阀门可切断事故源的事故，如管道腐蚀、连接法兰垫片损坏等造成的微量毒物泄漏事故，通过倒槽、排放吸收池可以解决问题的事故。

2. 重大泄漏事故

重大泄漏事故是指储槽本体、本体上的液面计、法兰及阀门等损坏而发生泄漏，并且不能通过倒槽或用其他阀门切断事故源的大量液氯泄漏事故。毒物泄漏后，可能造成人员伤害或伤亡。

3. 当发生液氯泄漏事故时，应采取以下应急救援措施：

（1）最早发现者应立即向厂调度室、车间值班调度报警，并要采取一切办法切断事故源，查清泄漏目标和部位。

（2）厂调度接到报警后，应迅速通知有关部门、车间，要求查明泄漏部位和原因，按应急救援预案处置程序下达指令，通知指挥部成员和专业救援队伍立即赶赴事故现场。

（3）指挥部成员通知所在科室按专业对口迅速向上级主管部门

报告事故情况。

（4）发生事故的车间在查明事故发生源点、泄漏部位和原因后，凡能采取切断物料或倒槽等处理措施而消除事故的，则以自救为主。如果泄漏部位不能控制的，应向指挥部报告并分析具体处理措施。

（5）消防组到达现场后，消防人员应佩戴好防毒面具，首先查明现场有无中毒人员，根据车间人员清点情况，布置抢救措施，以最快速度将中毒者脱离事故现场。

（6）指挥部成员到达现场后，根据事故状态及危害程度做出相应的应急决定，并命令各应急救援队开展工作。如果事态扩大，应请求支援。

（7）生产科、安全科人员到达事故现场后，会同车间领导，根据泄漏的情况，依次做出停车决定，通过生产调度网执行命令。

（8）治安组到达现场后，根据指挥部的命令，在各路口设岗禁止非抢救人员进入现场，并负责指挥现场人员向上风向的安全地带疏散。

（9）医疗救护组立即开展抢救受伤中毒人员的准备工作。对中毒人员进行输氧、心肺复苏等急救措施，对重伤员采取急救措施后送医院治疗。

（10）对外联络组根据毒物的扩散情况及当时风向、风速判断扩散范围，并对下风向扩散区域进行监测，监测结果及时向指挥部汇报，根据指挥部的命令通知扩散区域的人员撤离或采取简单有效的保护措施。

（11）抢险抢修组到达现场后，根据指挥部的命令，迅速进行设备抢修，控制事故以防事故扩大。

（12）当事故得到控制后，立即成立两个专门工作小组：

1）在生产副厂长的指挥下，组成由安全、设备、生产等部门和发生事故的车间参加的事故调查组，调查事故发生的原因，制定防范措施。

2）在设备科长的指挥下，组成抢修小组进行设备抢修，尽快恢复生产。若夜间发生事故，由厂值班人员及调度按照应急救援预案，组织指挥事故处置，落实抢修任务。

五、信号规定

（本厂各部门及有关领导电话、市消防电话）（略）

警戒区边界：以厂生产区围墙为界线。

六、有关规定和要求

为了能在事故发生后迅速准确、有条不紊地处理事故，尽可能减少事故造成的损失，平时必须做好应急救援的准备工作，落实各救援指挥部成员和专业救援队伍的岗位责任制和人员编制。具体措施如下：

1. 应急救援指挥部成员和救援人员按专业分工，本着专业对口、便于领导、便于开展救援的原则，建立组织，落实人员，每年年初要根据人员变化进行组织调整，确保救援组织的落实。

2. 按照任务分工做好物资器材准备，如必要的指挥通信、消防、抢修、报警、防毒等器材。各种器材要指定专人保管，定期检查保养，使其处于良好状态。列为重点目标的岗位要设立救援器材柜，确保救援使用。

3. 每年定期组织两次救援训练和学习，以提高指挥水平和救援能力。

4. 对全厂职工进行经常性的化工事故救援常识教育。

5. 建立、完善各项制度

（1）值班制度。建立24小时昼夜值班制度（厂、车间、医务室均实行昼夜值班制）。在各生产岗位保证每人配备过滤式防毒面具一个；烧碱车间和树脂车间各备用空气呼吸器两套、防毒衣两套；烧碱车间配备抢修工具两套，其中包括扳手、垫片、竹签、管卡、手电等，并准备黄沙 10 立方米；安全科备有氯气捕消器数台；医务所配备担架、医务箱及输氧装置 5 套，以备抢险救护用。

（2）检查制度。每月由厂应急救援指挥领导小组结合安全生产工作检查，定期检查救援工作准备、落实情况及器具保管情况，发现问题，及时整改。

（3）例会制度。每季度召开一次由指挥部成员和各救援小组负责人参加的会议，研究应急救援工作。

（4）总结评比工作制度。与安全生产工作同检查、同讲评、同表彰、同奖励。

第二节　中国石化某分公司化工事业部《加氢装置丙烯罐 TK8100D 泄漏事故应急救援预案》

一、方针与原则

应急救援工作本着"人员安全优先、防止事故蔓延和保护环境"的工作方针；以"预防为主、自救为主、统一指挥、分工负责"为工作原则。

二、应急策划

1. 厂区概况

本分公司化工事业部是 1992 年 8 月 8 日经国务院批准在我国"八五"计划期间兴建的重点工程，是国内五大化工产品生产基地之一。目前，已发展成为一个可以以合成树脂、合成橡胶、有机化工原料等石化产品的大型综合化工企业。工厂占地总面积 160 公顷。

厂区东邻某公路，西接某江，南面是某县的镇村落和农田，北是某公路。化工事业部厂区位于该市镇西北部。

所在县地处广东西南部偏西地区，属亚热带气候。受其所属，厂区常年主要风向是东南风，最大风速为47.9米每秒，年平均风速为2.9米每秒；最高气压1 032.3千帕，最低气压966千帕；最高气温37.7℃，最低气温20℃，平均气温23℃。冬季寒冷，天气干燥；夏季炎热，雨量充沛。

厂区地形较为平坦，全厂共有11个生产车间，8个辅助车间及管理部室。现有职工2 184人，按照"五班三倒"形式倒班，每班三百余人。

化工事业部是一个以合成树脂产品为主的大型化工企业，工艺流程复杂，具有易燃、易爆、高温、高压、有毒及生产过程连续等特点。主要产品有聚丙烯、高压聚乙烯、全密度聚乙烯等。

加氢装置中间罐区是化工事业部的乙烯、丙烯等原料储存区域。丙烯在中间罐区的储存量最大，具有易燃易爆、比空气重能在低洼处积聚和对人有麻醉能力的特点。因而丙烯罐是化工事业部防火防爆和危险化学品管理的重点。如果管理不到位，存在的事故隐患不及时消除，就可能发生火灾爆炸事故，危及生产和员工的生命安全，使企业蒙受巨大损失。

丙烯罐泄漏的因素有误操作、设备故障、外界因素（停电、停水、停气、停汽）等几条，存在着火灾爆炸、人员中毒、窒息等严重事故的潜在危险。在化工事业部厂区泄漏事故的可能性尤以丙烯、乙烯储存量最大而最危险。

2. 重大危险源识别及目标分布情况

根据化工事业部厂内生产、使用、储存危险化学物品的品种、数量、危险性质以及可能引起重大事故的特点，确定以下3危险目标（设备）为应急救援危险目标。1号目标为丙烯罐，共5台，储量为10 200立方米；2号目标为氢气储罐，共2台，储量为300立方米；3 号目标为乙烯储罐，共 5 台，储量为 10 000 立方米。目标危险特性及其事故危害见表 6—1。

表 6—1 目标危险特性及其事故危害

目标	物品名称	事故原因	危险特性	波及范围	
				一般事故	重大事故
1 号目标	丙烯	罐体、管线和法兰腐蚀穿孔，设备故障，自然灾害	与空气混合形成爆炸性混合物，其蒸汽比空气重，会在低洼处积聚。对人有麻醉作用，人吸入丙烯会引起意识丧失	厂区	厂区及周边界区
2 号目标	氢气	罐体、管线和法兰腐蚀穿孔，设备故障，自然灾害	易燃，与空气混合形成爆炸性混合气体。在很高浓度时，由于正常氧分压降低造成窒息，在很高的分压下，可出现麻醉作用	厂区	厂区及周边界区
3 号目标	乙烯	罐体、管线和法兰腐蚀穿孔，设备故障，自然灾害	与空气形成爆炸性混合物，与氟气、氯气等能发生剧烈的化学反应。吸入高浓度的乙烯可立即引起意识丧失。对人的眼、鼻、咽喉和呼吸道黏膜有轻微刺激性	厂区	厂区及周边界区

3. 资源分析

化工事业部上级某石化公司建有专职消防队。驻厂区有消防中队，有消防车 8 辆（国产 3 辆、进口 5 辆），专职消防队员 45 人，消防队内共有司机 27 人。

消防队内设有气体防护站，气防救护车 1 台，专职防护员 4 人。

气防站长 1 人。

厂前有石化职工医院驻厂门诊，有医护人员 3 人，医疗救护车 1 台。

4. 法律法规识别

应急救援的有关法律法规是开展应急救援工作的法律保障。通过对国家、省、地方涉及关于应急救援有关的法律法规进行识别，以《中华人民共和国安全生产法》《中华人民共和国职业病防治法》《中华人民共和国消防法》《特种设备安全法》《重大事故责任追究管理条例》和《危险化学品安全管理条例》等作为开展应急救援工作和编写预案的依据。

三、应急准备

1. 应急救援指挥部的职责、组成和分工

化工事业部成立事故及灾害应急指挥机构，内设应急指挥部，全面负责厂区范围内的事故及灾害应急处理工作。应急指挥部下设 9 个专业组，各专业组正、副组长组织本单位人员和其他人员在应急指挥部的领导下实施具体工作。应急指挥机构构成如下：

（1）应急指挥部职责

1）应急指挥领导小组

①负责组织本单位"预案"的制定、修订。

②组建应急救援专业队伍，并组织实施和演练。

③检查督促做好重大事故的预防措施和应急救援的各项准备工作。

2）应急指挥部

①发生事故时，由指挥部发布和解除应急救援命令、信号。

②组织指挥救援队伍实施救援行动。

③向上级汇报和向友邻单位通报事故情况，必要时向有关单位发出救援请求。

④组织事故调查，总结应急救援工作经验教训。

（2）应急指挥部人员分工

1）总指挥：组织指挥全厂的应急救援工作。

2）副总指挥：协助总指挥负责应急救援的具体指挥工作。

3）安环部部长：协助总指挥做好事故报警、情况通报及事故处置工作；负责现场医疗救护指挥及中毒、受伤人员分类抢救和护送转院工作。

4）消防队中队长：负责灭火、洗消和抢救受伤人员工作。

5）生产部部长（或总调度长）：

①负责事故处置时生产系统开、停车调度工作。

②事故现场通信联络和对外联系。

③负责事故现场及有害物质扩散区域内的监测工作。

④必要时代表指挥部对外发布有关信息。

6）机动部部长：负责工程抢险、抢修的现场指挥。

7）供应部部长：负责抢险救援物资的供应和运输工作。

8）技术部部长：负责确认车间工艺处理情况和提出意见。

2. 应急指挥系统各专业组责任

公司各职能部门和全体职工都负有事故应急救援的责任，各救援专业队伍是事故应急救援的骨干力量，其任务主要是担负公司各类事故的救援及处置。救援专业队伍的组成如下：

（1）消防灭火组。

（2）现场保卫组。

（3）通信联络组。

（4）生产指挥组。

（5）安全技术组。

（6）现场救护组。

（7）现场抢修组。

（8）物资供应组。

（9）生活后勤组。

3. 教育、训练与演练

（1）公众教育

为了全面提高企业员工和厂区周边群众的应急能力，规定职工每月要对应急预案进行学习并将学习情况记录在安全活动记录中；车间每季度要进行事故演练并形成报告。针对厂区周边的居民，化工事业部印刷了关于应急管理的《告村民书》《化工事业部周边区域疏散预案》和《化工事业部危化品物性手册》。通过这些书面材料对周边的居民进行宣传。

（2）桌面演练

为了对应急预案的完整性、周密性和可行性进行评估，按照实战演练采取的活动和程序进行演练。

目的：锻炼参加人员解决问题的能力，解决应急指挥机构相互协作和职责划分的问题。完善应急事故预案并为实战演练提供良好的经验。

要求：参加人员提交一份简短书面报告，总结演练活动和提出有关改进应急响应工作的建议。

（3）训练和实战演练

目的：检验、评价应急指挥机构组织应急运行的能力，应急专业组相互协调、车间在事故初期阶段的应急响应能力。评价不足项和对其进行整改。演练方法如下：

1）演练采用模拟事故处理的方法，假定系统处于事故状态，根据编写的应急事故处理方案进行模拟处理。

2）模拟处理的方法为定点挂牌，按事故处理步骤的顺序在规定的点挂相应的牌。演练的每一步骤做完举手示意。演练完成后，采取口头评述的方法对预案演练过程的经验和不足进行评述，专业抢险小组要针对实际情况递交演练总结。

4. 互助协议

化工事业部与上级石化公司、市消防部门订立重大事故及灾害互救互助协议，市消防局对化工事业部内的重大危险源点的分布情况进行存档。

四、应急响应

化工事业部生产过程中有可能发生丙烯事故的主要部位在如前所述的1号目标加氢装置中间罐区，其泄漏量视其漏点设备的腐蚀程度、工作压力等条件而不同。泄漏时又可因季节、风向等因素，波及范围也不一样。事故起因也是多样的，如操作失误、设备失修、腐蚀、工艺失控等原因。

丙烯泄漏一般事故多因设备的微量泄漏引起，由可燃气体检测报警系统、岗位操作人员巡检等及早发现，采取相应措施，予以处理。

丙烯泄漏重大事故是因设备事故导致大量泄漏而发生重大事故，报警系统或操作人员虽能及时发现，但一时难以控制。

事故状态描述如下：

假设丙烯罐 TK－8100D 底部出口法兰密封损坏造成丙烯大量泄漏，该罐正在收裂解产的丙烯产品，罐内存有丙烯 300 吨，当时风力 3～5 级，东南风向。丙烯气味已散发至下风向 100 米处。可视范围内有一人中毒倒在该罐旁边。

1. 操作工巡检发现 TK－8100D 罐底部出口线法兰泄漏。泄漏在短时间内由小到大，泄漏丙烯蒸汽扩散面积达 300 平方米，白茫茫一片积聚在罐体底部空间并继续向外扩散，有人员在现场晕倒，操作工马上用对讲机向中控室报告。

2. 操作工将现场情况报告后，启动 TK－8100D 罐体消防水喷淋系统，并将就近推车式干粉灭火器推到现场备用。缓慢开启现场就近消防水炮冲散低洼处积聚丙烯蒸气。

3. 中控人员接到报告后马上将情况向乙烯消防中队报警，同时将情况向车间和生产总调汇报，并果断采取停送料或切罐等一切办法切断事故源。班长派人员穿戴好空气呼吸器进入现场将中毒人员抬救到空气清新处，对昏迷人员采取心肺复苏术等方法进行前期抢救。

4. 班长安排人员到 8 号路东侧上风口离事故点 100 米外引导消防、气防车，并派人对通往罐区四周的 7 号、19 号、8 号、6 号路进行封路并设置路障，人员对 6 号和 19 号路封路时必须佩戴空气呼吸器。由于丙烯蒸气散布于下风向，严禁一切车辆进入 6 号与 19 号路交叉处 200 米范围内。

5. 生产总调度接到报警后，根据情况启动公司级应急救援指令；发出警报，通知公司领导和应急指挥机构成员迅速赶往事故现场；通知供水车间开启一、三循消防泵以保证消防水管网压力；平衡好上下游装置的物料。

6. 应急指挥部成员按专业对口通知应急救援小组人员，同时迅速向上级主管部门报告事故情况。

7. 车间主任和管理人员到达现场后迅速查明泄漏部位和原因，凡能经切断物料或倒罐、注水等处理措施而消除泄漏的，则以自救为主。分派工艺、设备和安全管理人员对班组进行的工艺处理、设备隔离、安全保护措施进行确认。开启与 TK－8100D 相邻五个罐的消防水喷淋。如泄漏部位自己无法控制的，应向指挥部报告并提出堵漏或抢修的具体措施。

8. 消防队到达事故现场后，车间对消防队做好现场交底工作。气防人员佩戴好空气呼吸器，搜查现场有无其他昏迷人员，以最快速度将昏迷者救离现场，严重者尽快送医院抢救。消防中队队长根据丙烯扩散情况布置消防车进行站位，启动消防水车和消防水炮对现场泄漏点丙烯进行稀释，同时对周边的物料罐进行水幕隔离。

9. 应急指挥部成员到达事故现场后，在事故区域上风侧 200 米外迅速成立应急救援指挥部。听取车间汇报，根据丙烯泄漏量及对周边情况影响做出相应的应急决定，如通知区域人员撤离、扩大封路范围和向上级部门求援等工作，并命令各应急救援小组立即投入救援工作。

10. 生产管理部长作为新闻发言人根据应急指挥部的决定协调外部公共关系并向外部和内部通告事故情况，发布重大事故的预警信号，通知厂区西北侧 2 千米范围内的周边居民开始疏散，并要求杜绝一切火源。

11. 物资供应组到达现场后，启用应急救灾物资并分发给参加救灾抢险人员，提供必要的救灾物资，做好应急人眼部的防护。

12. 通信联络组到达现场后，在最短时间内架设一台防爆电话作为临时指挥部联络电话。

13. 生产指挥组到达事故现场后，会同发生事故的单位，在查明丙烯泄漏部位和范围后，调用四台便携式可燃气体报警仪从丙烯扩散的四个方向进行监测，视能否控制对装置做出局部或全部停车的决定，若需紧急停车则按紧急停车程序通过三级调度网，即公司总调、乙烯调度和车间班长迅速执行。

14. 现场保卫组到达现场后，穿戴好防护用品，在下风侧封路人员要佩戴好空气呼吸器接替车间封路人员；通知关闭厂区 8、3、19 号门岗，禁止人员进入厂区；担负治安和交通指挥，组织纠察；在事故现场周围设岗，划分禁区并加强警戒和巡逻检查。

如当丙烯扩散危及厂内外人员安全时，应急指挥部应迅速组织车间参加救灾的有关人员、友邻单位、厂区外过往行人向上侧风方向安全地带疏散。根据应急指挥部的指令通知市交警、110 对厂区外部的下风侧一级公路进行封路，并就地疏散过往行人和车辆。

15. 现场救护组到现场后，在上风侧 200 米附近建立医疗救护中心，与气防人员配合立即救护伤员和中毒人员，对中毒人员应根据中毒症状及时采取相应的急救措施，对伤员进行清洗包扎或输氧急救，重伤员及时送往医院抢救。

16. 安全技术组到达现场后，与生产指挥组一道查明丙烯浓度和扩散情况，根据当时风向、风速，判断扩散方向和速度，并将监测情况及时向指挥部报告，必要时根据应急指挥部决定通知扩散区域内的群众分批撤离或指导采取简易有效的防护措施。根据应急指挥部指令发布事故情况通报和负责对事故进行调查及取证。

经过消防队、抢修人员和各应急救援小组的共同努力，泄漏点得以控制和处理，应急总指挥下令事故警报解除。

五、现场恢复

各单位负责人对救灾抢险人员进行清点，将现场使用的消防带、灭火器等整理好，放回原位，并按 ISO14001 及 HSE 的管理要求对现场造成的污染进行处理。尤其是干粉灭火器使用后的残渣应收集好，按不可回收的危险固体废弃物进行处理。

当事故得到处理，按照事故"四不放过"的原则，对事故进行善后处理和总结工作。立即成立两个专门工作小组。当现场事故调查和抢修工作完成，对厂区及周边界区进行可燃气体监测，完全符合准入条件后，应急总指挥宣布解除禁令恢复准入。

六、预案管理与评审改进

《化工事业部加氢装置丙烯罐泄漏应急救援预案》是由生产管理部组织车间及相关部室人员针对现场的实际情况制定，并经公司经理批准实施。公司每年将会针对实际的人员、机构、现场环境、设施和工艺情况等变更及时修改和更新。化工事业部在 2013 年 8 月对本预案进行了桌面演练和实地演练、在桌面演练中发现专业小组对发问的问题回答得不全面、工作职责不清晰。通过分析，主要是由专业小组对预案学习不足造成的。桌面演练后各专业组加强预案的学习，在实地演练中预案演练基本达到预期效果。

第三节 某石油化工厂剧毒化学品 事故专项预案

1. 剧毒化学品基本情况

概念：剧毒物品是指少量侵入肌体，短时间内即能致人、畜死亡或严重中毒的物质。急性毒性为经口服半数致死量 ID50≤50 毫克每千克；经皮肤接触半数致死量 LD50‐≤200 毫克每千克；经呼吸道吸入半数致死浓度 LC50≤2 毫升每立方米。我国现在规定有 335 种剧毒化学品（2002 版及补充和修正）。

该厂现有 1 个单位（检验中心）和 4 种剧毒物品（醋酸汞、迭氮化钠、碘化汞、硝酸汞）。

剧毒物品既是化工生产不可缺少的原料和试剂，又是危害性极强的化学品。严密规范地管好、用好剧毒物品，不给不法分子留有可乘之机，防止剧毒物品出现失管、失控、失盗，减少中毒事故的发生，避免造成投毒案件。

重大事故是指"工业活动中，发生的重大火灾、爆炸或毒物泄漏事故、被盗，并给现场人员或公众带来严重危害，或对财产造成重大损失、对环境造成严重污染"。

2. 报告与指令

2.1 报警

当本厂检验中心由于剧毒物品引发的火灾、爆炸或毒物泄漏、被盗时，本厂检验中心相关人员应按照应急报告的程序向本厂剧毒化学品应急指挥中心办公室（电话）报告，同时，本厂剧毒化学品应急指挥中心办公室向上级石化公司应急指挥中心办公室（电话）报告。

2.2 报告内容包括：

2.2.1 发生火灾、爆炸或毒物泄漏事故

2.2.2 被盗的单位详细地点

2.2.3 现场伤亡人员数量

2.2.4 事故原因、性质、危害程度

2.2.5 事故现状和其他相关情况

2.3 本厂剧毒化学品应急指挥中心办公室接到报警后应按接报操作程序执行：

2.3.1 首先问清报告人姓名、单位和联系电话

2.3.2 事故发生时间、地点、单位、事故原因、事故性质、危害程度、范围等

2.3.3 做好记录

2.3.4 通知救援队伍

2.3.5 向上级石化公司应急指挥中心办公室（电话）报告

2.4 发出应急救援指令

×××厂剧毒化学品应急指挥中心办公室接到报告后，报告指挥长，指挥长批准后，立即启动×××厂应急总预案和本预案，发出应急救援指令。

3. 组织机构的组成及职责分工

剧毒化学品应急机构的结构形式采用矩阵制。

3.1 剧毒化学品现场应急指挥部

3.1.1 组成

指挥：本厂厂长

副指挥：本厂人事副厂长（负责交通、保卫、医疗、后勤、生活保障、宣传）

指挥人员：生产部部长、安全环保部部长、设备工程部部长、动力计量部部长、检验中心主任、保卫武装部部长、培训中心主任

3.1.2 现场应急指挥部成员的职责

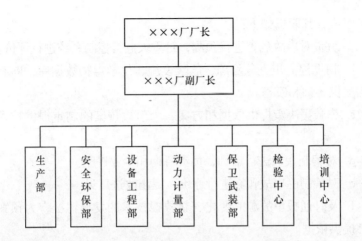

指挥：负责组织指挥剧毒化学品事故应急救援全面工作

指挥中心是事故救援工作的指挥机构和指令的传输中心，由指挥、指挥人员、通信人员组成。

现场应急指挥部的职责：

a. 分析由于剧毒物品引发的火灾、爆炸或毒物泄漏、被盗时的具体情况，确定救援方案，制定各阶段的应急对策。

b. 发生事故时，负责救援工作的组织、指挥，向救援部门发出各种救援指令。

c. 确定各部门的职责，及时提出指导或改进意见，协调各部门之间的关系。

d. 为救援提供物质保障及其他保障条件。

e. 负责内、外信息的接收和发布，向上级部门应急指挥中心办公室汇报事故救援进展。

f. 适时调整各救援部门人员组成，保证救援组织正常工作。

g. 向有关新闻机构发布事故及救援信息。

h. 负责向上级部门应急指挥中心办公室做事故及救援报告。

3.2 应急救援技术组

由质量技术部、科技部、消防中队、气防站、职业病防治所的专家组成，其职责如下：

a. 负责对事故危害进行预测，对重大危害控制系统进行评价。

b. 协助建立重大危险源、危险设施、化学毒物数据库，向有关机构提供咨询和应答。

c. 为救援决策提供依据和方案，为事故预案的制定提供技术支持。

d. 对编制人员进行培训，负责咨询和专业讲座。

e. 对编制的事故预案进行评价，提出改进意见。

f. 及时通报事故源的变化、新救援技术的发展情况，为预案的修订提供依据。

3.3　医疗救护组

由培训中心、医院医务人员和应急救援人员组成，其主要职责：

a. 医务人员进行现场救护。

b. 转运受伤人员过程的医疗监护。

c. 为现场救援人员提供医疗咨询。

d. 对群众做自救与互救的宣传。

3.4　应急救援专业队

3.4.1　设备工程部负责抢修被事故破坏的设备，动力计量部负责修复用电设施或敷设临时线路，保证事故应急用电。

3.4.2　如发生火灾，由安全环保部协助消防中队及时撤走易燃、易爆、有毒物品或物质。

3.5　后勤保卫

由保卫武装部、经警中队（20人）组成，主要职责：

a. 设定警戒区域，设置警戒线，在重点路口设置岗哨，维持现场秩序，阻止无关人员进入。

b. 进行人员疏散，保证人员安全撤离。

c. 保证交通路线畅通，调集抢险车辆，保障救灾物资安全、顺利到达目的地。

4. 应急救援行动

应急救援行动是事故应急救援的中心任务，它关系整个救援工作的成败。当接到本厂剧毒化学品应急指挥中心办公室应急命令后，各应急专业队按照专业队的应急方案进行救援行动。行动前应确定选择哪种专业应急方案。

应急救援行动包括应急疏散、事故处置、现场救护、现场处置等。应急行动应遵循以下原则：

4.1 应急行动优先原则

应急行动优先原则即本厂员工和消防队员的安全优先、防止蔓延优先、保护环境优先。

4.2 应急处理程序化

为了避免现场救援工作杂乱无章，可事先设计好不同类型的事故现场应急程序即专业应急方案。

当发生火灾事故时：

a. 样品或试剂发生火灾时，少量时用湿布覆盖；大量时使用灭火器扑灭。

b. 切断或隔离燃烧物，防止次生事故发生。

c. 本岗位人员坚守岗位，其他人员通知班组长和车间值班人员，不得围观。

d. 严禁使用水灭火和冷却（除非有专业人员在场）。

当发生有毒化学品泄漏时：

a. 本岗位人员佩戴过滤式防毒面罩，清理现场，并打开通风橱，强制通风。

b. 其他人员通知班组长和车间，撤离该楼层，不得围观。

c. 发生化学灼伤时，要立即在现场用清水进行足够时间的冲洗。

当发生有毒化学品被盗时：

a. 车间相关人员确认有毒化学品被盗时应按照应急报告的程序向本厂领导汇报。

b. 向剧毒化学品应急指挥中心办公室（电话）报告。

c. 保卫武装部及时赶到现场，安排武警保护现场。

d. 保卫武装部负责与本地公安分局联系报案。

5. 现场处置

5.1 现场救治

现场处置是结束应急救援行动前的必要步骤，因为：第一，有些事故（如化学品泄漏事故）现场存在一定有毒有害物质，如不及时处置，扩散后会对环境造成污染，或造成其他长期的危害；第二，有些事故得到控制后，现场看起来已经没有危险，但是如果不及时做好后期的继续处置，有可能引发二次事故；第三，无论何种类型的事故，发生后都会对现场造成一定程度的破坏，不进行现场处置就无法恢复正常的生产或生活秩序。

中毒的现场救治：

对于发生的急性中毒，无论其毒物是否明确，都应立即进行现场救治。现场救治一般包括清除毒物、延缓毒物吸收等。

a. 吸入性中毒。立即使中毒者脱离中毒现场，给予吸氧或呼吸新鲜空气，注意保暖，清除呼吸道分泌物和异物，保持呼吸道通畅。

b. 接触性中毒。立即除去污染衣物，一般用清水冲洗体表，特别注意毛发、指甲缝及皮肤褶皱处的冲洗。热水可使体表血管扩张，促进毒物的吸收，应避免使用。有些毒物遇水能发生反应，加重损害，此时应先将毒物拭净后再冲洗。对于腐蚀性毒物，要选择相应的中和剂或解毒剂冲洗。若现场无此类药物，对水溶性毒物可用水反复冲洗，非水溶性毒物用无毒的物质冲洗。体表冲洗时间不得少于30分钟。

c. 食用性中毒。可采用催吐的方法，起到迅速清除毒物的作用。

5.2 现场处置的方法

5.2.1 布置事故现场警戒

接到报警后，检验中心的相关人员要迅速向剧毒化学品应急指挥中心报告情况，同时根据现场情形，迅速划出警戒保护区。如系毒气、毒液泄漏事故，要迅速采取各种方法尽快消除毒源，积极抢救中毒人员。而现场的警戒区域要尽可能大一些，严禁一切非抢险车辆和人员进入警戒保护区，既为保护现场不受或免受破坏，又为防止造成无谓的人员伤亡。

5.2.2　迅速疏散现场职工及相邻单位人员

在现场组织保护和抢救的同时，要采取一切可行的方法和手段，迅速动员和组织职工疏散到安全地带，并指导职工用湿毛巾等一切防护设备加强自我保护，尽可能减少事故的危害。如疏散情形紧急，可动员或拦截一切运载工具迅速将事故区的职工撤离至安全地带。

5.2.3　对发生的剧毒物品被盗案件，应迅速派人赶赴现场，保护现场，通告公安部门组织现场勘查，及时破案，并积极寻找剧毒物品的下落，防止发生更大的危害。

5.2.4　抓住时机进行现场调查

在现场进行保护和抢险的同时，要抓住一切时机向在场职工、中毒者了解事故发生前后的气味、感觉、病理状态等情况，并根据应知剧毒品常识和中毒者的病状，为现场的应急处置及向调查勘查人员提供有关依据创造良好的条件。

5.2.5　科学判断，筹措防毒器具

进入事故现场，如无防毒器具时，应立即报请指挥中心及安全环保部调运或采取临时的防毒措施，切不可贸然闯入毒源中心，以免造成无谓的伤亡。

6. 关闭条件

有毒有害化学品事故中受伤害人员现场救治工作结束。

事故现场得到控制或处置完毕。

被盗的有毒有害化学品找到及处置回收完毕。

若上述条件均达到，即可经应急指挥长批准后关闭本专项预案。

附录

《生产经营单位生产安全事故应急预案编制导则》（GB/T 29639—2013）

1 范围

本标准规定了生产经营单位编制生产安全事故应急预案（以下简称应急预案）的编制程序、体系构成和综合应急预案、专项应急预案、现场处置方案和附件的主要内容。

本标准适用于生产经营单位的应急预案编制工作，其他社会组织和单位的应急预案编制可参照本标准执行。

2 规范性引用文件

下列文件对于本文件的应用是必不可少的。凡是注日期的引用文件，仅注日期的版本适用于本文件。凡是不注日期的引用文件，其最新版本（包括所有的修改单）适用于本文件。

GB/T 20000.4 标准化工作指南 第4部分：标准中涉及安全的内容

AQ/T 9007 生产安全事故应急演练指南

3 术语和定义

下列术语和定义适用于本文件。

3.1 应急预案 emergency plan

为有效预防和控制可能发生的事故，最大限度减少事故及其造成损害而预先制定的工作方案。

3.2 应急准备 emergency preparedness

针对可能发生的事故，为迅速、科学、有序地开展应急行动而预先进行的思想准备、组织准备和物资准备。

3.3 应急响应 emergency response

针对发生的事故，有关组织或人员采取的应急行动。

3.4 应急救援 emergency rescue

在应急响应过程中，为最大限度地降低事故造成的损失或危害，防止事故扩大，而采取的紧急措施或行动。

3.5 应急演练 emergency exercise

针对可能发生的事故情景，依据应急预案而模拟开展的应急活动。

4 应急预案编制程序

4.1 概述

生产经营单位应急预案编制程序包括成立应急预案编制工作组、资料收集、风险评估、应急能力评估、编制应急预案和应急预案评审6个步骤。

4.2 成立应急预案编制工作组

生产经营单位应结合本单位部门职能和分工，成立以单位主要负责人（或分管负责人）为组长，单位相关部门人员参加的应急预案编制工作组，明确工作职责和任务分工，制定工作计划，组织开展应急预案编制工作。

4.3 资料收集

应急预案编制工作组应收集与预案编制工作相关的法律法规、技术标准、应急预案、国内外同行业企业事故资料，同时收集本单位安全生产相关技术资料、周边环境影响、应急资源等有关资料。

4.4 风险评估

主要内容包括：

a）分析生产经营单位存在的危险因素，确定事故危险源；

b）分析可能发生的事故类型及后果，并指出可能产生的次生、衍生事故；

c）评估事故的危害程度和影响范围，提出风险防控措施。

4.5　应急能力评估

在全面调查和客观分析生产经营单位应急队伍、装备、物资等应急资源状况基础上开展应急能力评估，并依据评估结果，完善应急保障措施。

4.6　编制应急预案

依据生产经营单位风险评估以及应急能力评估结果，组织编制应急预案。应急预案编制应注重系统性和可操作性，做到与相关部门和单位应急预案相衔接。应急预案编制格式参见附录 A。

4.7　应急预案评审

应急预案编制完成后，生产经营单位应组织评审。评审分为内部评审和外部评审，内部评审由生产经营单位主要负责人组织有关部门和人员进行。外部评审由生产经营单位组织外部有关专家和人员进行评审。应急预案评审合格后，由生产经营单位主要负责人（或分管负责人）签发实施，并进行备案管理。

5　应急预案体系

5.1　概述

生产经营单位的应急预案体系主要由综合应急预案、专项应急预案和现场处置方案构成。生产经营单位应根据本单位组织管理体系、生产规模、危险源的性质以及可能发生的事故类型确定应急预案体系，并可根据本单位的实际情况，确定是否编制专项应急预案。风险因素单一的小微型生产经营单位可只编写现场处置方案。

5.2　综合应急预案

综合应急预案是生产经营单位应急预案体系的总纲，主要从总体上阐述事故的应急工作原则，包括生产经营单位的应急组织机构及职责、应急预案体系、事故风险描述、预警及信息报告、应急响应、保障措施、应急预案管理等内容。

5.3　专项应急预案

专项应急预案是生产经营单位为应对某一类型或某几种类型事

故，或者针对重要生产设施、重大危险源、重大活动等内容而制定的应急预案。专项应急预案主要包括事故风险分析、应急指挥机构及职责、处置程序和措施等内容。

5.4 现场处置方案

现场处置方案是生产经营单位根据不同事故类别，针对具体的场所、装置或设施所制定的应急处置措施，主要包括事故风险分析、应急工作职责、应急处置和注意事项等内容。生产经营单位应根据风险评估、岗位操作规程以及危险性控制措施，组织本单位现场作业人员及相关专业人员共同编制现场处置方案。

6 综合应急预案主要内容

6.1 总则

6.1.1 编制目的

简述应急预案编制的目的。

6.1.2 编制依据

简述应急预案编制所依据的法律、法规、规章、标准和规范性文件以及相关应急预案等。

6.1.3 适用范围

说明应急预案适用的工作范围和事故类型、级别。

6.1.4 应急预案体系

说明生产经营单位应急预案体系的构成情况，可用框图形式表述。

6.1.5 应急工作原则

说明生产经营单位应急工作的原则，内容应简明扼要、明确具体。

6.2 事故风险描述

简述生产经营单位存在或可能发生的事故风险种类、发生的可能性以及严重程度及影响范围等。

6.3 应急组织机构及职责

明确生产经营单位的应急组织形式及组成单位或人员，可用结构图的形式表示，明确构成部门的职责。应急组织机构根据事故类型和应急工作需要，可设置相应的应急工作小组，并明确各小组的工作任务及职责。

6.4　预警及信息报告

6.4.1　预警

根据生产经营单位监测监控系统数据变化状况、事故险情紧急程度和发展势态或有关部门提供的预警信息进行预警，明确预警的条件、方式、方法和信息发布的程序。

6.4.2　信息报告

按照有关规定，明确事故及事故险情信息报告程序，主要包括：

a）信息接收与通报

明确24小时应急值守电话、事故信息接收、通报程序和责任人。

b）信息上报

明确事故发生后向上级主管部门或单位报告事故信息的流程、内容、时限和责任人。

c）信息传递

明确事故发生后向本单位以外的有关部门或单位通报事故信息的方法、程序和责任人。

6.5　应急响应

6.5.1　响应分级

针对事故危害程度、影响范围和生产经营单位控制事态的能力，对事故应急响应进行分级，明确分级响应的基本原则。

6.5.2　响应程序

根据事故级别的发展态势，描述应急指挥机构启动、应急资源调配、应急救援、扩大应急等响应程序。

6.5.3　处置措施

针对可能发生的事故风险、事故危害程度和影响范围，制定相应的应急处置措施，明确处置原则和具体要求。

6.5.4　应急结束

明确现场应急响应结束的基本条件和要求。

6.6　信息公开

明确向有关新闻媒体、社会公众通报事故信息的部门、负责人和程序以及通报原则。

6.7　后期处置

主要明确污染物处理、生产秩序恢复、医疗救治、人员安置、善后赔偿、应急救援评估等内容。

6.8　保障措施

6.8.1　通信与信息保障

明确可为生产经营单位提供应急保障的相关单位及人员通信联系方式和方法，并提供备用方案。同时，建立信息通信系统及维护方案，确保应急期间信息通畅。

6.8.2　应急队伍保障

明确应急响应的人力资源，包括应急专家、专业应急队伍、兼职应急队伍等。

6.8.3　物资装备保障

明确生产经营单位的应急物资和装备的类型、数量、性能、存放位置、运输及使用条件、管理责任人及其联系方式等内容。

6.8.4　其他保障

根据应急工作需求而确定的其他相关保障措施（如：经费保障、交通运输保障、治安保障、技术保障、医疗保障、后勤保障等）。

6.9　应急预案管理

6.9.1　应急预案培训

明确对本单位人员开展的应急预案培训计划、方式和要求，使有关人员了解相关应急预案内容，熟悉应急职责、应急程序和现场处置方案。如果应急预案涉及社区和居民，要做好宣传教育和告知等工作。

6.9.2 应急预案演练

明确生产经营单位不同类型应急预案演练的形式、范围、频次、内容以及演练评估、总结等要求。

6.9.3 应急预案修订

明确应急预案修订的基本要求，并定期进行评审，实现可持续改进。

6.9.4 应急预案备案

明确应急预案的报备部门，并进行备案。

6.9.5 应急预案实施

明确应急预案实施的具体时间、负责制定与解释的部门。

7 专项应急预案主要内容

7.1 事故风险分析

针对可能发生的事故风险，分析事故发生的可能性以及严重程度、影响范围等。

7.2 应急指挥机构及职责

根据事故类型，明确应急指挥机构总指挥、副总指挥以及各成员单位或人员的具体职责。应急指挥机构可以设置相应的应急救援工作小组，明确各小组的工作任务及主要负责人职责。

7.3 处置程序

明确事故及事故险情信息报告程序和内容、报告方式和责任等内容。根据事故响应级别，具体描述事故接警报告和记录、应急指挥机构启动、应急指挥、资源调配、应急救援、扩大应急等应急响应程序。

7.4 处置措施

针对可能发生的事故风险、事故危害程度和影响范围，制定相应的应急处置措施，明确处置原则和具体要求。

8　现场处置方案主要内容

8.1　事故风险分析

主要包括：

a) 事故类型；

b) 事故发生的区域、地点或装置的名称；

c) 事故发生的可能时间、事故的危害严重程度及其影响范围；

d) 事故前可能出现的征兆；

e) 事故可能引发的次生、衍生事故。

8.2　应急工作职责

根据现场工作岗位、组织形式及人员构成，明确各岗位人员的应急工作分工和职责。

8.3　应急处置

主要包括以下内容：

a) 事故应急处置程序。分局可能发生的事故及现场情况，明确事故报警、各项应急措施启动、应急救护人员的引导、事故扩大及同生产经营单位应急预案的衔接的程序。

b) 现场应急处置措施。针对可能发生的火灾、爆炸、危险化学品泄漏、坍塌、水患、机动车辆伤害等，从人员救护、工艺操作、事故控制、消防、现场恢复等方面制定明确的应急处置措施。

c) 明确报警负责人以及报警电话及上级管理部门、相关应急救援单位联络方式和联系人员，事故报告基本要求和内容。

8.4　注意事项

主要包括：

a) 佩戴个人防护器具方面的注意事项；

b) 使用抢险救援器材方面的注意事项；

c) 采取救援对策或措施方面的注意事项；

d) 现场自救和互救注意事项；

e) 现场应急处置能力确认和人员安全防护等事项；

f) 应急救援结束后的注意事项；

g) 其他需要特别警示的事项。

9 附件

9.1 有关应急部门、机构或人员的联系方式

列出应急工作中需要联系的部门、机构或人员的多种联系方式，当发生变化时及时进行更新。

9.2 应急物资装备的名录或清单

列出应急预案涉及的主要物资和装备名称、型号、性能、数量、存放地点、运输和使用条件、管理责任人和联系电话等。

9.3 规范化格式文本

应急信息接报、处理、上报等规范化格式文本。

9.4 关键的路线、标识和图纸

主要包括：

a) 警报系统分布及覆盖范围；

b) 重要防护目标、危险源一览表、分布图；

c) 应急指挥部位置及救援队伍行动路线；

d) 疏散路线、警戒范围、重要地点等的标识；

e) 相关平面布置图纸、救援力量的分布图纸等。

9.5 有关协议或备忘录

列出与相关应急救援部门签订的应急救援协议或备忘录。

附录 A

（资料性附录）

应急预案编制格式

A.1 封面

应急预案封面主要包括应急预案编号、应急预案版本号、生产经营单位名称、应急预案名称、编制单位名称、颁布日期等内容。

A.2 批准页

应急预案应经生产经营单位主要负责人（或分管负责人）批准

方可发布。

A.3　目次

应急预案应设置目次，目次中所列的内容及次序如下：

——批准页；

——章的编号、标题；

——带有标题的条的编号、标题（需要时列出）；

——附件，用序号表明其顺序。

A.4　印刷与装订

应急预案推荐采用 A4 版面印刷，活页装订。